기초 헤어 퍼머넌트 웨이브

Basic Hair Permanent Wave

지정훈 · 장지연

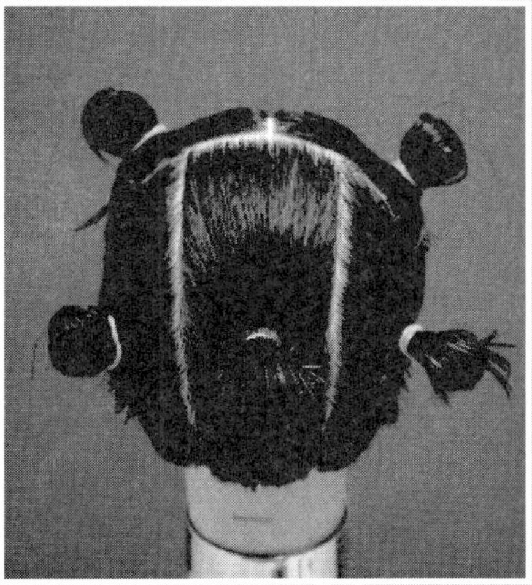

청구문화사

■ 머리말 ■

헤어스타일은 얼굴과 함께 타인에게 보이는 첫 이미지의 대상이기도 하며 외적인 아름다움을 표현하는 한 부분으로 현대사회에서는 그 중요성이 한층 강조되고 있다. 이처럼 미에 대한 욕구가 커지면서 미용서비스를 이용하는 소비자가 늘고 있다.

헤어 퍼머넌트 웨이브는 미용서비스 중 높은 비율을 차지하고 있는 중요한 시술분야이다. 하지만 화학적 손상 및 열처리 기구에 의한 손상이 많은 퍼머넌트 웨이브는 부작용 사례 또한 많이 발생하고 있다. 이에 모발에 대한 기초적인 이해와 퍼머넌트 원리를 이해하고 모발에 맞는 펌제를 선택하여 고객의 취향에 부합되는 서비스와 잦은 시술로 인한 모발손상을 최소화하기 위하여 필요한 과목일 것이다.

본 교재는 미용기술 중 퍼머넌트 웨이브의 기초지식에 대한 이론과 실기부분으로 쉽게 접근할 수 있도록 하였다.

1장은 퍼머넌트 웨이브의 개요로 정의와 발달과정에 대해 다루었고, 2장은 모발의 생리로 퍼머넌트 웨이브에서 중요한 요소 중 모발에 대한 기초지식에 대한 내용을 기술하였으며, 3장은 퍼머넌트 웨이브에의 원리로 물리·화학적 작용에 대한 내용과 퍼머넌트 웨이브 용액에 대한 내용을 다루었다. 4장은 퍼머넌트 웨이브의 도구와 기본 테크닉에 대한 내용을 기술하였으며, 5장은 기초 퍼머넌트 웨이브의 실기편으로 구성하였으며, 마지막은 미용용어 정리를 끝으로 이론과 실기과정에 대해 수록하였다.

본서는 중요한 개념들을 통해 학생들의 이해를 돕고자 하였으며, 미용학을 전공하는 학생들에게 쉽고 유익하게 활용되기를 기대해 본다. 학생들이 보다 쉽게 접근할 수 있도록 나름대로 노력을 기울였으나 부족한 부분도 있을 것이다. 미비한 점은 차후 보완할 것을 약속드리며, 이 책을 제작하는데 도움을 주신 모든 분들께 감사의 마음을 전하며 부족하지만 출판위해 도움을 주신 청구문화사 이상태 사장님과 편집을 위해 고생하신 직원 선생들께 진심으로 감사를 드립니다.

2020년 5월
저자일동

■ Contents ■

Chapter Ⅰ

퍼머넌트 웨이브의 개요

1. 퍼머넌트 웨이브의 정의
2. 퍼머넌트 웨이브의 발달과정

1. 퍼머넌트 웨이브의 정의

퍼머넌트(permanent)의 사전적 의미는 영구의, 영속의 라는 뜻을 지니고 있으며, 웨이브(wave)는 물결이라는 뜻을 가지고 있다. 즉, 자연 상태의 모발에 물리적, 화학적 방법을 가하여 모발의 구조나 형태를 변화시켜 오랫동안 지속되는 웨이브를 형성시키는 것을 말한다.

2. 퍼머넌트 웨이브의 발달과정

1) 고대

(1) 이집트(B.C. 3200년경)

이집트는 나일강을 중심으로 농경생활을 하며 정착하였고, 머리형태는 태양열로부터 머리를 보호하기위해서 모발을 짧게 잘라 머릿수건이나 가발을 착용했다. 초기에는 린넨과 종려나무 섬유로 만든 가발을 착용하였으나 후기에는 울이나 모발로 부피를 크게 만들어 모자처럼 착용하였다. 초기의 가발은 길이가 짧고 각이진 단발형태였으나 후기에는 폭이 넓고 길이가 길어지면서 구슬, 리본, 꽃, 금 등으로 장식하였다. 일반적으로는 검정색이 많았으나 식물성 염료를 사용하여 청색과 황금색으로 염색하여 사용하였으며, 나일강 유역의 진흙과 물을 혼합하여 모발에 바르고 둥근 나무막대를 이용하여 모발에 감은 후 태양에 말려 곱슬한 웨이브를 형성하는 일시적인 퍼머넌트 웨이브를 연출하였다.

이집트 네바문 묘의 벽화

(2) 그리스

그리스 인들은 향수나 오일을 사용하여 머리뿐 아니라 몸 전체에 사용하였으며, 자연스러운 금발에 컬이 있는 머리를 좋아하였다. 하지만 부정한 여자의 경우에는 남편의 모발을 잘라 벌을 주었고, 상이나 슬픈 일이 있을 때는 모발을 깎는 등 머리에 대한 아름다움을 중시하였으며, 남녀 모두 머리를 길렀다.

남자는 모발에 컬을 주어 이마 위로 내린 형태, 앞머리의 컬을 뒤로 곱슬하게 빗어 넘기는 형태 등 여러 가지 형태가 있었고, 초기에는 긴 머리 형태를 선호하였으나 후기에는 단발형태의 머리모양을 선호하였다.

여성들은 금발머리를 선호하여 잿물이나 노란색 꽃을 으깬 물에 머리를 헹구어 황금색으로 착색시켰으며, 긴 머리를 아름답고 풍성하게 하여 향유를 바르고 앞머리는 곱슬거리게 컬을 주었고, 뒷머리는 자연스럽게 늘어뜨린 간단한 머리형태였다. 후기에는 화려한 의상과 함께 머리 형태는 정교하고 복잡하게 다양해져 머리를 올려 그물이나 머리핀과 베일로 장식하였다.

그리스 여인들의 머리와 장식

(3) 로마

로마시대의 머리모양은 그리스와 유사한 형태에서 시대가 흐르면서 복잡하게 변화하였다. 남성들은 곱슬거리는 짧은 머리의 단순한 형태를 좋아했고, 머리숱이 없거나 적은 것을 수치로 생각하여 가발을 쓰기도 하였다. 또한 남자들도 향수를 사용하고 화장을 하는 등 청결하게 몸치장을 중요시하였다. 여성은 머리 빗는 일을 가장 큰 일로 향유와 머리분을 사용하였으며, 상류층은 황금색으로 염색을 하였으나 하류층은 노랑이나 청색으로 염색을 하였다.

머리형태는 앞가르마를 타고 양쪽 모발을 곱슬거리게 늘어뜨리거나 머리 전체를 짧게 컬을 주는 단순한 형태였으나 시대에 따라 앞머리는 작은 컬을 주어 높게 올리고 뒷머리는 땋아서 늘어뜨리거나 위로 둥글게 말아 쌓아 올린 형태에서 리본, 금속, 장식망, 진주, 보석, 금 등의 장식품으로 치장하였다.

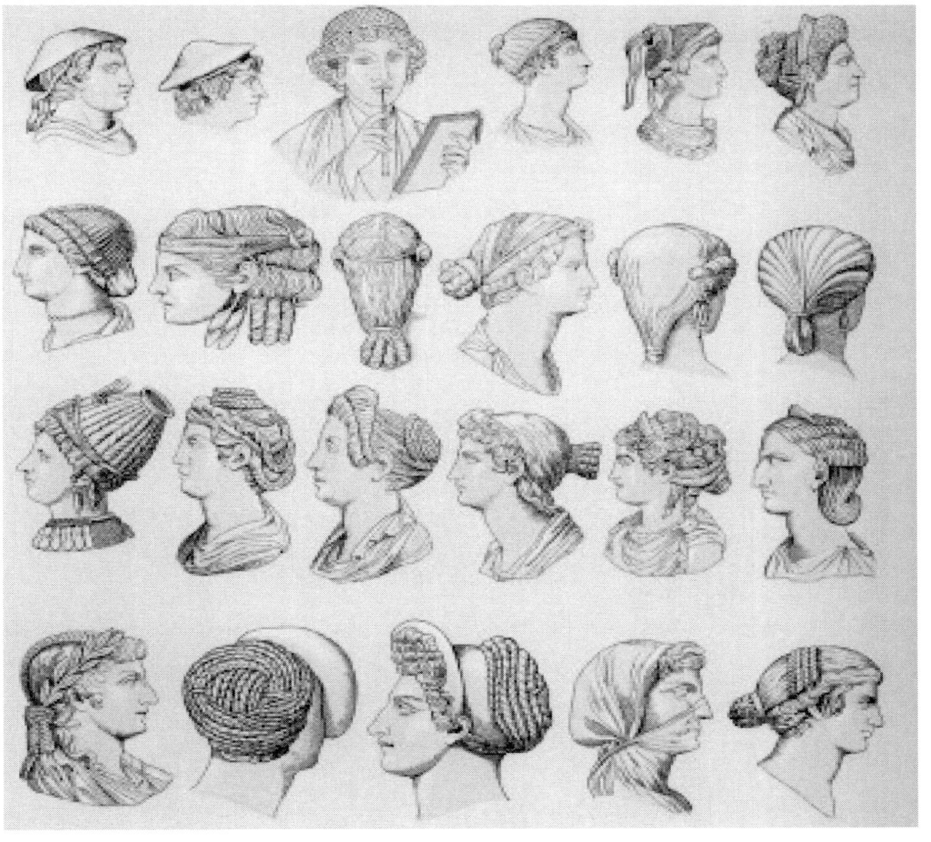

로마인들의 머리와 장식

2) 중세시대

(1) 비잔틴 시대

그리스와 로마인들은 자연스러운 컬과 웨이브를 중요시하였으나 비잔틴 시에는 터번과 관이나 장식 등을 중요시하여 모리모양이 잘 타나나지 않았으며, 남성들은 이마에 가지런히 내려오는 짧은 앞머리와 단발모양의 단순한 형태였으며 붉은 머리를 좋아하였다. 여성들은 초기에는 머리를 자르는 것이 금지되어 자연스럽게 늘어뜨리거나 양쪽으로 땋아 길게 늘어뜨렸다.

비잔틴 시대여성의 땋은 머리와 장식관

(2) 로마네스크 시대

로마네스크 여성들은 앞가르마를 타서 두 가닥이나 세 가닥으로 땋아 길게 늘어뜨린 형태가 주를 이루었는데 자신의 머리 외에도 가발이나 리본으로 감아내려 거의 발까지 닿을 정도로 타래를 드리웠다. 귀부인들은 관이나 베일을 썼으며, 처녀들은 베일을 쓰지 않고 리본과 꽃 등으로 장식하였다.

로마네스크시대 머리띠와 베일

(3) 고딕 시대

고딕시대의 남자는 머리 앞가르마를 타 컬을 만들어 어깨까지 늘어뜨렸고, 그 위에 관을 쓰기도 하였다. 젊은 여성들은 머리를 느슨하게 늘어뜨렸고, 기혼 여성은 중앙에서 나누어 땋아 양귀를 덮은 형태의 머리모양에 토크형의 관을 쓰기도 하고 금, 은, 보석 등으로 장식한 그물망을 덮어쓰기도 하였으나, 시대에 흐름에 따라 점차 화려하게 변화되면서 모발을 위로 올려 머리 장식 속으로 넣어 이미가 넓은 것이 미인이라고 하여 앞머리는 높게 뽑았다고 한다.

고딕시대 베네티안의 누이

3) 근세

(1) 르네상스 시대

르네상스 여성들의 머리모양은 머리 전체를 덮었던 머리 장식이 없어지자 다시 머리의 아름다움을 나타내기 시작하여 머리는 좋아하는 색으로 염색을 하였으며, 향기로운 머리 분을 사용하여 향을 내고 윤기나게 하였다. 당시 상류층은 황금색이나 적색으로 염색을 하였으며, 하류층은 청색으로 염색하였다. 이마를 완전히 드러내고 가운데 가르마를 타고 후드나 보닛을 착용하였다. 여성들의 머리 장식은 급격하게 변화하여 높이가 1m까지 되는 등 전성기를 이루었으나 차츰 사라져 앞이마를 드러내고 모자를 착용하였다.

르네상스 여성의 머리모양

(2) 바로크 시대

바로크 시대의 남성들의 머리모양은 짧게 잘라 뒤로 빗어 넘긴 형태와 앞이마를 덮은 형태로 곱슬거리게 컬을 주었다. 17세기 초기에는 러프나 부채형의 칼라가 유행하여 모리모양은 높이 빗어 올린 후 보석과 진주로 장식된 핀을 꽂았고, 17세기 중반부터는 플랫칼라(flat collar)가 유행하면서 다시 머리를 어깨까지 늘어뜨리고, 후기에는 가늘게 땋은 머리에 리본을 컬을 주어 늘어뜨려 풍성하게 하였다. 17세기 후반에는 화려한 의상과 함께 변화되면서 가발이 등장하였으며, 모발은 갈색, 연두색, 회색 등으로 착색하였고, 이를 포마드로 고정시켰다. 루이 14세 시대에는 귀족적인 의상에 머리를 양옆으로 크게 부풀렸던 과장된 머리형태는 점차 자연스러워지고 머리 위에는 퐁탕주(fontanges)라고 하는 새로운 형태의 캡을 착용하여 기교적인 머리모양을 연출하였다.

바로크 여성의 머리모양

(3) 로코코 시대

로코코시대의 여자들의 머리모양은 가장 예술적이고 화려한 스타일을 연출하였다. 18세기 초기에는 바로크 시대에 유행하였던 퐁탕주(fontanges)형이 전성을 이루었으나 루이 14세가 사망한 후 퐁파두르(pompadour)형의 낮은 머리모양이 유행하였다. 퐁파두르(pompadour)는 머리카락을 부풀리지 않고 뒤로 빗어 넘긴 머리모양으로 조화, 금, 은으로 만든 머리핀이나 레이스 캡과 깃털 등으로 장식한 형이다.

1760년경에는 머리모양이 점차 높아지고 그 위에 장식을 했다. 머리모양의 예술적이게 하여 로코코의 여왕이라 불리는 마리 앙뜨와네뜨의 머리모양은 헤어디자이너 레오나르드 오띠에 의해 고안되었다. 모든 여성들은 계급에 상관없이 머리를 높게 하기 위해 캡이나 가발, 철사 등을 사용하여 머리위에 얹고 머리로 패드를 덮었으며 포마드, 밀가루 풀 등으로 역사상 가장 거대한 머리모양을 연출하였다.

로코코 여성의 머리모양

4) 근대

(1) 엠파이어 시대

엠파이어 시대의 남성들은 관이 높은 검정색과 회색의 모자를 많이 착용하였으며, 여성들은 복식에 영향을 받아 점차 낮아지고 심플해지기 시작하였다. 18세기 말 이후 머리를 짧게 깎아 티투스(titus)형으로 하거나 곱슬거리는 컬을 부분적으로 늘어뜨리고 머리를 뒤에 높게 올려 리본으로 묶는 헤어스타일이 유행하였다. 또한 가발도 많이 사용되어 염색을 하고 머리 분도 발랐다.

(2) 로맨틱 시대

로맨틱 시대는 귀족세력의 부활로 다시 귀족풍의 복식이 재현되면서 아름다움을 느끼기 위해 허리를 강조하는 스커트가 유행하였다. 여성들은 양옆이나 머리 뒤에 가발을 붙여 크게 결발을 하였다. 이 외 머리를 높이 올려 큰 빗으로 고정시켜 꽃과 깃털 등으로 장식하는 아폴로 놋(appollo knot)을 하였다.

1837년에는 가르마를 타서 양옆으로 부드럽게 내려 여러 방법으로 변화시켜 귀를 덮거나 땋아 보석 등이 장식된 핀을 꽂은 자연스러운 머리가 유행되었다.

이 외 깃털, 조화, 금, 은 등으로 만든 망을 장식품으로 사용하여 낮아진 모리모양에 따라 보닛과 모자를 착용하였다.

로맨틱시대 여성의 머리모양

로맨틱시대 남성과 여성

(3) 크리놀린 시대

크리놀린 시대에는 여성들은 모리모양은 가운데 가르마를 하고 강한 컬을 양쪽으로 자연스럽게 늘어뜨린 형태가 유행하였으며, 염색약과 탈색제를 사용하여 붉은 갈색으로 머리를 만들었다. 남성들은 머리카락이 뒷목에 닿지 않을 정도로 짧게 잘랐다.

크리놀린시대 여성의 머리모양

(4) 버슬 시대

버슬시대의 남성들은 크리놀린 시대의 남성들보다 머리카락의 길이가 더욱 짧아졌으며, 콧수염과 턱수염을 길렀다. 여성들은 이마위에 작은 컬을 만들고, 컬을 한 머리를 뒤 어깨에 늘어드리거나 굵게 땋아 높게 올려 빗이나 꽃, 핀 모자 등으로 장식하였다. 모자는 챙이 넓지 않고 작은 모양으로 이마 쪽에 기울게 쓰고 위에 꽃, 리본, 레이스 등으로 화려하게 장식하였으나, 1880년대에는 모자의 크기가 좀 더 작아지고 장식도 적어졌다.

버슬시대 여성의 머리모양

(5) E.S-letter 시대

1890년대에는 스커트의 폭은 좁아지고 의복이 생활하기 편리하게 단순화되면서 머리형태도 간단해 졌다. 레이스나 벨벳의 작은 캡은 대부분 없어지고 나이 많은 부인들만 사용하였으며 보닛도 없어졌다. 또 모자는 실용적인 것으로 변화하여 갔으며 특히 밀짚으로 만든 맥고모자가 유행하였다. 즉, 사회생활이 편리한 복장과 실용적인 헤어스타일을 하였다.

5) 현대

근대시대인 1870년 프랑스의 마셀 그라또(Marcel Grateau)에 의해 열을 이용하여 일시적으로 모발에 변화를 주어 웨이브를 형성하는 아이론을 개발하였다. 이것은 일시적인 웨이브로 마셀 웨이브(Marcel wave)라 하였으며, 머리를 감으며 웨이브가 풀려 본래의 모양으로 돌아간다. 이러한 단점을 보완하여 1905년 영국의 미용사인 찰스 네슬러(Charles Nestle)는 일시적 웨이브가 아닌 물과 샴푸와 모든 환경의 영향에서 견딜 수 있는 퍼머넌트 웨이브를 개발하였다. 알칼리와 열의 원리를 이용한 것으로 히트웨이브로 클립에 모발을 와인딩하여 붕사와 물을 혼합하여 도포하여 열을 가하여 화학반응을 일으켜 퍼머넌트 웨이브를 영구적으로 지속시키는데 효과가 있다는 것을 발견하였다. 하지만 스파이럴식 와인딩(spiral winding) 방법으로 긴 모발에만 시술이 가능하였으나, 조셉메이어(Joseph Mayer)에 의해 짧은 모발에도 웨이브를 시술 할 수 있는 크로키놀식 와인딩(croquignole winding) 방법이 개발되었다. 이는 모발 끝에서 두피 쪽으로 와인딩하는 방법이다.

가열방법으로 전기나 증기 등의 열을 기계적으로 이용한 머신 웨이브(machine wave)가 사용되었는데 이 방법은 가열에 의한 것으로 순간적인 온도가 100℃ 이상이 되어 모발을 손상시키거나 끊어지는 등의 문제가 생기기 쉬워 이를 보완하기 위하여 1931년에 히팅 기구로 전기를 사용하지 않고 특수한 금속으로 히팅 클립(heating crip)을 이용하는 퍼머넌트 웨이브가 도입되었으며, 이후 1932년에는 케미칼 퍼머넌트 웨이브(chemical permanent wave)로 특수한 약품의 화학반응에 의해서 얻어지는 반응 열을 이용한 머신리스 웨이브(machineless wave)가 고안되었다. 1936년에는 영국의 J. B. 스피크먼(J.B. Speacman)에 의해 모발 케라틴의 화학구조를 이용하여 열을 사용하지 않고 시스틴 결합을 절단시킬 수 있는 연구가 완성되었다. 이는 콜드 퍼머넌트 웨이브(cold permanent wave)의 원리가 전해지게 되었다. 이는 시술 시간이 2~3시간으로 짧고 열로 인한 위험이 없이 간단한 약품 처리로 퍼머넌트 웨이브를 얻을 수 있기 때문에 퍼머넌트 웨이브의 대중화를 가져오게 되었으며, 현재에도 많이 사용되고 있다.

Chapter Ⅱ

모발의 생리

1. 모발의 정의
2. 모발의 발생
3. 모발의 구조
4. 모발의 주기
5. 모발의 구성성분
6. 모발의 기능
7. 모발의 특성
8. 모발의 분류
9. 모발의 손상

1. 모발의 정의

모발(hair, 毛髮)이란 포유류 특유의 부속기관으로 모모의 상피세포가 케라틴 섬유로 단단하게 밀착된 각화세포로 이루진 고형의 원추섬유이다. 즉, 피부의 각질층이 변화해서 생긴 섬유성 단백질인 케라틴으로 구성된 죽은 세포로 된 피부 부속기관 중 하나로 손바닥, 발바닥, 손가락 및 발가락의 말단부, 점막의 경계부, 귀두부를 제외한 몸 전체에 분포되어 있다. 촉각이나 통각을 전달하고 외부의 화학적, 기계적 자극으로부터 신체를 보호하며 손바닥, 발바닥, 입술, 유두를 제외한 털이 난 신체부위에 따라 두발, 수염, 액모, 음모, 체모 등으로 구분된다.

모발의 수는 전신에 약 130~140만개로 이중 두피모발이 약 10만개 정도로 출생 시 모발의 수가 결정되며 출생 후에는 모낭이 생기지 않으나 생장기 모낭은 줄어든다. 인종이나 색, 모질 등에 따라 개인차가 있고 남성보다 여성이 모발의 수가 많다.

성장속도는 하루에 0.35mm, 한 달에 1~1.5cm 자라며 영양상태와 체질, 질병, 연령, 유전, 환경 등의 요인에 의해 달라질 수 있다.

모발의 역할은 기능학적 의미와 미용학적의미로 나눌 수 있는데 기능학적 의미의 역할로는 보호의 기능으로 벌레, 땀, 먼지와 같은 이물질이 신체 내부로 침입하는 것을 막아주고 외부의 온도변화나 직사광선으로부터 인체를 보호한다. 또한 쿠션역할을 하여 물리적 충격을 최소화하고 체내의 불필요한 노폐물과 중금속 등을 배출하는 기능도 있다. 미용학적 의미의 역할로는 장식의 역할로 볼 수 있으며 헤어스타일의 경우는 미적인 외형적 형태변화로 개개인의 독특한 개성과 멋을 표현하는 수단으로 첫인상을 돋보이게 하며 사람의 외모를 결정짓는 중요한 요소로 작용한다. 그러기 때문에 현대에 와서는 기능적인 역할보다는 미용학적인 역할이 크게 부각되고 있다.

2. 모발의 발생

인간은 수정란이라는 한 개의 세포로부터 시작되어 각기 모양과 기능이 다른 60~100조 개의 세포로 이루어져 있다. 하나의 세포는 분열을 거쳐 10~11일째부터 배엽을 형성한다. 배벽의 함몰로 생긴 안쪽의 벽을 내배엽이라 하며 바깥쪽의 벽을 외배엽이라 한다. 내배엽은 소화기계통의 내장인 식도, 위, 장 등이 형성되고, 외배엽에서는 뇌, 신경계통, 피부, 모낭이 형성된다. 이들 사이로 퍼져가는 세포들이 중배엽을 형성하는데 여기서는 심장, 혈관, 골격, 근육, 생식기관 및 배설기관 등이 형성된다. 모발은 모낭에서 형성되어 성장하는데 외배엽에 모낭이 있어 외배엽에서 기원된다고 할 수 있다.

모발의 성장은 모낭이 완성되는 태내에서부터 시작되는데 태아의 체모 세포의 형태 및 특성은 부모의 유전성을 가져 모태에서 이미 결정되어진다. 또한 출생 후에는 일정한 모낭의 수를 갖는다. 모발은 각화과정을 통해 형성되는데 이러한 과정은 모유두 주변에 있는 모기질세포(hair matrix cell)로부터 시작된다. 여러 층으로 구성된 모발은 피부 내부에 있는 모근(hair root)과 피부 표면의 외부로 노출된 일반적으로 모발이라고 부르는 모간(hair shaft)으로 나눈다.

모발은 모낭에서 형성되어 자라나는데 모낭은 태아3~4개월에 발달되고 6개월이 되면 완성된다. 12~14주에 완성된 모낭에서는 손, 발바닥을 제외한 전신에 발모가 된다.

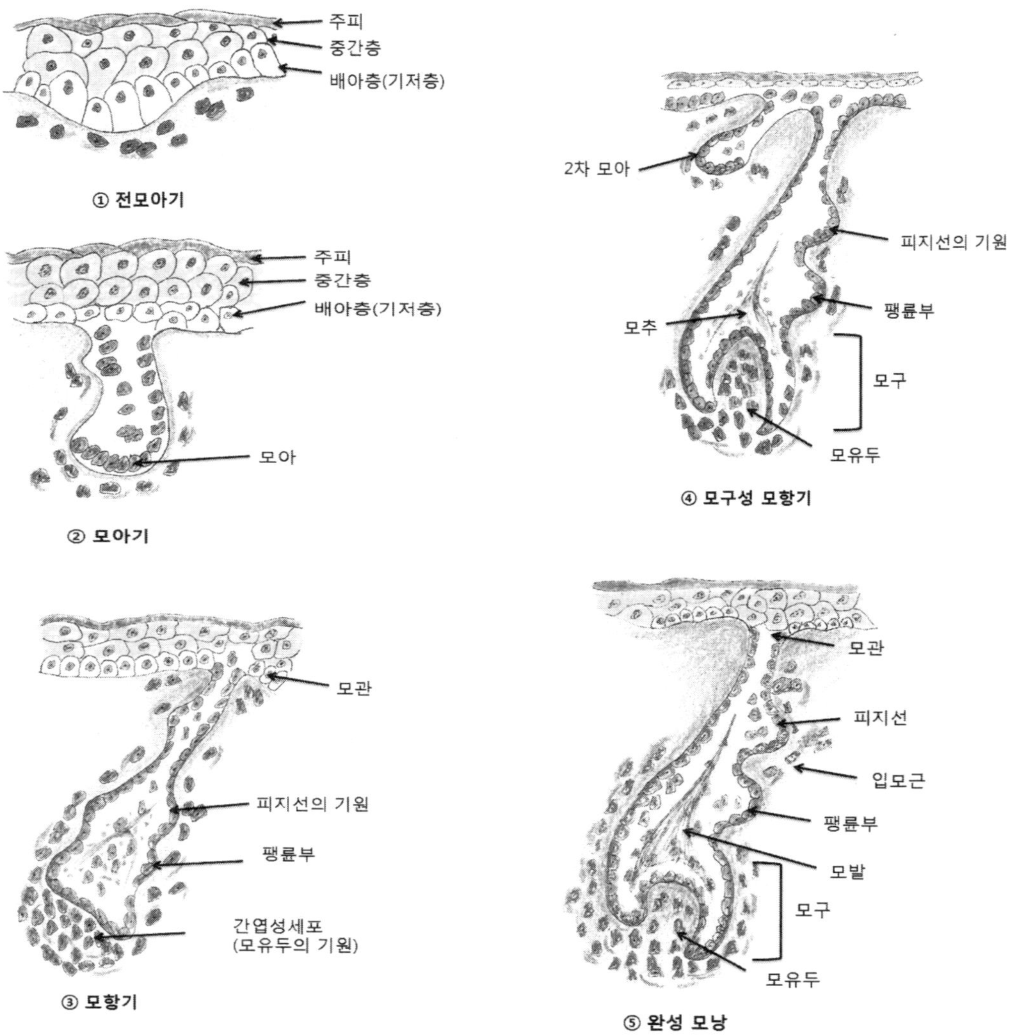

모낭의 발생

1) 전모아기(hair pre germ stage)

모발은 표피의 함몰로 모낭이 형성되며 시작한다. 배아층(기저층)은 원주상의 세포집합체인 기저막대를 이루므로 모낭의 기원이 된다. 모낭발생과정의 이런 형태를 모아라하며, 모아가 형성되는 시작단계인 모낭의 형성 이전을 전모아기라고 한다. 일반적으로 눈썹부분의 모발의 발아가 가장 빠르며 임신 9~12주 정도에 두피와 그 밖의 부위에서 모아가 발생한다. 모아는 세포군의 분열을 일으키며 성장하기 시작하는데 이 단계에서 표피는 일반적으로 배아층의 세포와 주피 2층으로 구성된다.

2) 모아기(hair germ stage)

임신 14주경부터 전모아기는 급속하게 모아기로 이행되며 배아층이 진피층으로 진입하는 단계를 모아기라 한다. 이는 발달된 중간층 세포로 배아층 세포 속에 진입함으로 모낭의 중심부를 이룬다.

3) 모항기(hair peg stage)

임신 18주경부터 모항기가 시작된다. 간엽계 세포집단인 모유두가 형성되는 모항기는 모아가 간엽성 세포에 끌려오듯 진피 내에 깊숙이 침투하여 형성되는 시기로 표피면과 모아 기둥의 각도를 일정하게 이룬다. 모낭의 전면은 예각을 이루며 후면은 피지선의 위치로 둔각을 유지한다. 모항기 진행 후 기둥의 끝은 약간 둥글어지며 중앙부에 요철이 형성되고 그 속에 간엽계의 모유두가 안착된다.

4) 모구성 모항기(bulbous peg stage)

모항기 이후 형성된 모구성 모항기는 모유두를 둘러싸기 위해 모낭 돌출끝의 모기질(hair matrix)부위가 볼록해지며 피지선과 기모근(arrector pili muscle)의 부착부위가 팽창된다. 팽륜부(bulge)의 모구가 형성되는 단계로 모구부가 둥글게 형성되고 모낭 중심부에 모추가 형성되어 모발이 발아한다.

3. 모발의 구조

신체에 있는 털 중 약 10% 정도를 차지하는 두발은 단백질 결합과 복잡한 구조의 결합 형태로 쉽게 변형되지 않는 특성을 가지고 있다. 모발은 피부 표면에 나와 있는 부분의 모간(hair shaft)

과 피부 내부에 있는 부분인 모근(hair root)으로 나뉘며 모근의 아래쪽에 둥근 모양을 모구(hair bulb)라고 한다.

1) 모근부(hair root)

모근은 모발에 영양분을 혈관으로부터 공급받아 세포분열 과정을 통해 모발을 만들어내는 부분으로 피부가 함몰된 피부주머니인 모낭으로 구성되어 있다. 여기서 분열된 모세포가 모구부의 상부에서 각화되면서 가늘고 긴 방추상 모양으로 변해 위로 올라와 모발이 된다. 모낭은 모근부를 보호하는 주머니 역할을 하며 피부의 두께와 위치에 따라서 깊이가 다르고 모발이 한 방향으로 자연스럽게 피부 표면 위로 올라 올 수 있는 각도로 배치되어 있다.

모구의 중심부에는 움푹 패인 곳이 있고, 그 하부에 모발의 영양을 관장하는 혈관과 신경이 분포되어 있는데 이 부위를 모유두(dermal papilla)라고 한다. 모유두에 접하고 있는 모기질 세포(hair matrix) 혹은 모모세포(germinal matrix)는 모세혈관에서 영양분이나 산소를 공급받아 분열과 증식을 함으로써 모발을 형성한다. 이때 멜라닌 세포(melanocyte)도 함께 분포되어 색상도 결정한다. 모발의 생리학적 현상은 모발의 모근부에서 일어나며 모발의 생성과 성장, 이탈 등 모든 과정에 관여한다.

모발은 강한 힘을 사용해 뽑게 될 경우 모근 끝에 반투명한 젤리 모양의 물질이 모발과 함께 나오게 되는데 이것이 바로 모낭의 일부분인 내모근초이다. 입모근은 한기를 느끼면 순간적으로 수축되어 피부표면에 소름을 일으키고, 긴장하거나 충격을 받아 수축하면 모발을 바로 세우고 피지(sebum)를 분비하게 한다.

① 모낭(hair follicle)

모낭은 모발을 둘러싸고 있는 주머니 모양의 세포층을 말하며 표피가 피하조직까지 움푹 들어가 묻혀 있는 형태로 피지선과 입모근이 부착되어 있다. 관 모양으로 모근부를 보호하는 자루 모양을 하고 있어 모포(毛包)라고 하기도 하며 몸 전체에 걸쳐 분포되어 있으나 손·발바닥에는 존재하지 않는다. 모낭은 한번 파괴되거나 손상이 되면 다시 재생할 수 없으며 태어날 때부터 그 수가 이미 정해져 있다. 그렇기 때문에 퍼머넌트나 염색과 같은 화학적인 시술 시에는 모낭이 손상되거나 파괴되지 않도록 주의해야한다.

모공은 모발을 모유두에서 모공까지 도달할 수 있도록 보호하거나 고정 시켜주며 일반적으로 하나의 모낭 하나에 하나의 모발이 달려 있으나 3개의 모발이 달려 있는 경우도 있으며, 이는 모발의 밀도(숱)에 영향을 미친다.

모낭은 털에 접해 있는 내모근초와 그 바깥쪽의 외모근초로 이루어져 있다. 내모근초는 모낭 중 모발과 가장 근접하며 모발을 보호하는 부분으로 모발을 강한 힘으로 뽑을 경우 모발과 함께 나오는 반투명한 젤리형태의 물질을 말하며 외모근초는 표피와 연이어져 모구부에 이르며 각질화 된다.

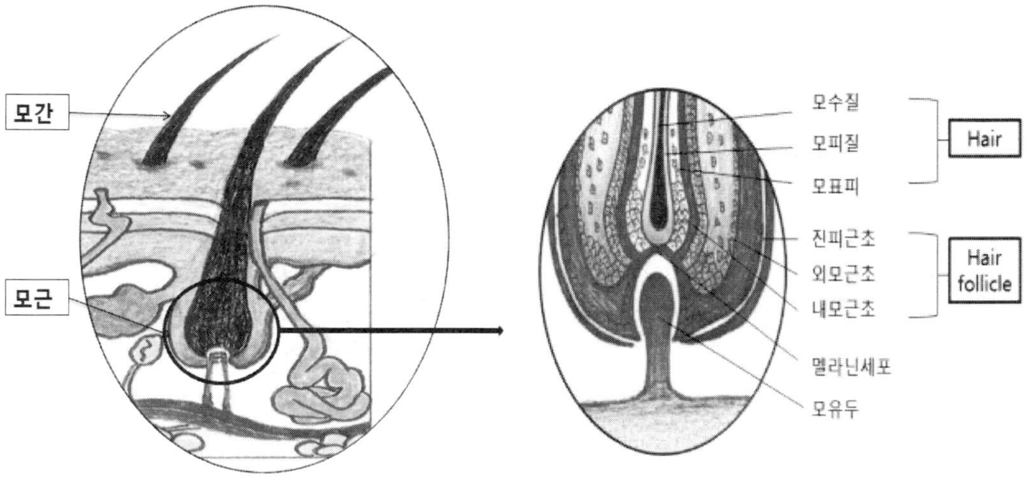

모낭과 모구

② 피지선(sebaceous gland)

모근 부위의 윗부분으로 모낭의 1/3 지점에 위치하며, 손 · 발바닥 그리고 입술을 제외한 전신에 분포하는 피지선은 얼굴과 두피에 가장 많이 존재한다. 피지선은 피부표면의 1㎠당 400~900개가 분포되어 있으며 모낭벽에 붙어있는 기름샘으로 피지(sebum)를 분비하여 모발에 윤기와 유연성을 주고, 피부 표면을 부드럽고 매끄럽게 만드는 동시에 피부에서 수분이 증발되는 것을 방지하며 외부로부터의 세균침입을 막아 주어 피부를 보호한다. 이처럼 피지는 천연영양제(natural moisturizer)로 매우 중요한 역할을 하지만 지나치게 분비가 되면 지성비듬(oily dandruff)형태가 된다. 계절, 연령, 호르몬, 환경, 온도, 피지막 두께 등에 따라서 피지분비가 변화하며 사춘기 때 피지가 가장 많이 분비되고 이후에는 남성이 여성보다 분비량이 많으며 연령이 올라갈수록 분비량은 감소한다.

피지선은 진피층에 위치하며 머리, 어깨, 가슴, 어깨 등에 잘 발달되어 있고 이 부위를 지루부위(脂漏部位)라 하는데 두부, 안면, 흉골부, 견갑부 등 과잉으로 분비된다. 1일 평균 1~2g 정도를 분비하게 되며 일반적으로 스쿠알렌이나 왁스 에테르, 지방산 등으로 pH 4.0~6.0의 약산성 보호막이 된다. 또한 피지막 형성의 유화작용, 흡수조절작용, 비타민D 생성작용 등을 한다.

③ 입모근(arrector pili muscle)

진피의 표면으로부터 예각으로 뻗어있는 입모근은 모근 하부 1/3지점에 위치하며 의지와 관계없이 운동하는 불수의근(involuntary muscle, 不隨意筋)으로 한기나 공포를 느끼면 순간적으로 수축하여 모발을 세우고 피부표면에 소름(goose bumps)을 일으킨다. 또한 모공을 닫아 체온손실을 막아주는 역할을 한다. 속눈썹이나 눈썹, 코, 뺨, 입술에는 입모근이 없다.

④ 한선(sweat gland)

진피층에 위치하며 인체에 약 200~400만개 분포되어 있으며 털보다 5~6배 많은 것으로 추정된다. 혈액으로부터 걸러진 노폐물과 물이 모세혈관에서 보내져 땀이 생성된다. 땀샘의 끝은 실꾸러미처럼 뭉친 덩어리로 되어 있고 하나의 긴 관을 내어 피부표면에 땀구멍을 열고 있어 이 관을 통해 땀을 분비한다. 한선의 분비물은 약산성으로 세균의 번식을 억제하고 자율신경의 지배를 받는다.

땀을 분비하는 외분비선인 땀샘은 소한선(eccrine gland)과 대한선(apocrine gland)으로 나뉜다. 소한선은 귀두부, 소음순, 손 · 발톱을 제외한 피부에 분포하는데 그 중에서도 손바닥, 발바닥, 겨드랑이, 이마의 피부에 집중적으로 분포되어 있으며 무색, 무취의 맑은 액체를 분비한다. 대한선은 겨드랑이, 바깥귀길, 눈꺼풀 등에 분포되어 있고 분비 전에는 무색, 무취이나 분비 후 공기와 만나 산화되면 냄새가 나는데 그곳에 있던 세균들이 땀 속에 있는 지방성분을 분해하여 지방산을 만들기 때문에 나는 냄새이다. 연령이 많아짐에 따라 분비세포가 위축되어 땀의 분비가 작아진다.

땀을 흘리면 피부 표면에서 열을 흡수하여 증발되기 때문에 체온을 낮추어 체온을 일정하게 유지시키고 수분과 열을 조절하여 두피에 적당한 수분을 유지시킨다.

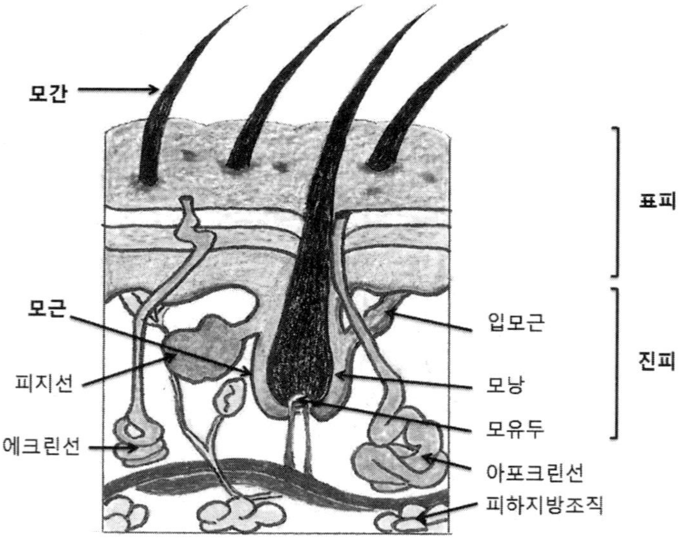

모근부의 구조

⑤ 모구(hair bulb)

모근의 아래 부분에 원형으로 부풀려 있는 부분을 말하며, 모구는 표피의 기저층에 해당된다. 모모세포의 유사분열에 의해 모세포가 생성되는 모낭의 제1영역으로 모발세포의 살아있는 곳이다. 모세혈관으로부터 모발을 성장시키는 영양분과 산소가 모모세포로 운반되어 영양분을 받아 분열된 모모세포가 각화되면서 모발이 자라게 된다.

⑥ 모유두(hair papilla)

모근의 최하층에 위치하여 결합조직과 유리 같은 막으로 만들어져 있는 모유두는 둥근핵과 잘 보이지 않는 압축된 공처럼 생긴 세포다발로 주변에 모세혈관 및 자율신경이 많이 분포되어 있어 영양분을 모세혈관으로 받아서 모모세포에 전달하는 모발의 성장을 돕는 직접적인 영양 공급원이다. 에프린이라는 성장물질을 분비하여 모발 성장을 조절하고 모질과 굵기를 결정한다. 여러 가지 요인으로 손상되거나 문제가 생기면 모발은 갈라지고 잘리는 등 심하면 탈모 증세에 이른다.

⑦ 모모세포(germinal matrix)

모아의 모체층으로 모발을 형성시키는 모모세포가 모유두를 덮고 있다. 모발섬유의 기원이 되는 모발섬유의 줄기세포인 모모세포는 끊임없이 세포분열을 하여 증식을 되풀이하여 점차 모낭을 따라 위로 올라간다. 모세 혈관과 모유두로 부터 영양을 공급받아 세포를 분열시켜 모세포를 생성하고 소멸하는 증식을 되풀이하여 모간부 및 모낭을 생성하며 모발의 색소를 결정한다. 모유두의 정점 부분에서 모수질이 될 세포가 분열하고 그 아래 부분에서는 모피질이 될 세포가 분열하며, 가장 아래 외측에서는 모표피가 될 세포가 분열하여 위로 올라간다.

⑧ 모기질(hair matrix)

실질적으로 모발을 만드는 모기질 세포와 색을 나타내는 멜라닌 색소로 구성된다. 가장 활발한 세포 분열을 보이는 곳으로 모발의 기본 색조는 모기질 세포 내에 있는 멜라닌의 분포에 의해 결정된다. 따라서 모기질에서 멜라닌을 형성하지 못하면 그 모발은 하얀색을 띠게 된다.

⑨ 모세혈관(capillaries)

정맥과 동맥 외에 혈관 말단인 모세혈관 활동은 피부의 색과 온도를 나타냄으로 모세혈관 활동을 재는 유일한 척도이다. 모세혈관벽은 한 층의 세포로 되어 있기 때문에 세포 간에 물질 교환이 쉽게 일어나 매우 신속하고 효율적인 세포 영양분을 공급해주기도 하고 노폐물을 배출해주기도 한다. 또한 지속적으로 모든 세포를 순환함으로 화학적인 균형을 유지시킨다. 혈관이 모발과는 직접적으로 연결되어 있지는 않지만 모유두를 통해 연결됨은 모낭 주위에 혈관이 감싸고 있음을 나타낸다. 탈모 및 이상성 두피의 발생 원인에서 나타나는 혈관의 이상 현상으로는 혈관에 침전물이 쌓이므로 발생한다.

⑩ 자율신경계

자율신경계는 교감신경계와 부교감신경계로서 두 개의 신경조직망을 통해 몸의 많은 활동들을 통제하고 모세혈관과 함께 모유두 주변에 존재하고 있는 신경으로 모유두로 부터 받은 영양분이 모발로 잘 자랄 수 있도록 명령하는 역할을 한다. 교감신경계는 위급한 상황에 대처하도록 거의 동시에 작용하여 심장박동을 증가, 혈압을 올리며, 혈중포도당의 농도를 높여 활발한 신진대사가 이뤄지도록 산소와 에너지원을 공급한다. 부교감신경계는 몸을 편안하고 안락한 상태로 유지시키며 소화와 배설을 촉진시킨다.

⑪ 내·외근 모근초(inner. outer root sheath)

모낭의 일부로서 둘러싸여 있는 모근부는 모표피층에 접하고 있는 내모근초와 그의 외측에 존재하는 외모근초는 모구부에서 발생한 모세포를 완전히 각화가 종결될 때까지 보호하고 표피까지 운송하는 역할을 하고 있다. 새롭게 만들어진 모발이 완전히 각화되어 밖으로 나오게 되면 이들 세포층도 비듬이 되어 떨어진다. 모낭 주위에는 신경종말이 있어 모발이 바람에 흔들리거나 물체가 닿아 자극되면 이를 감각으로 느낄 수 있다.

2) 모간부(hair shaft)

모간은 두피 바깥쪽으로 나온 모발 부분을 말한다. 모발은 케라틴(keratin)이라는 단백질로 이루어져 있다. 두피 바깥으로부터 보면 모표피(hair cuticle), 모피질(hair cortex), 모수질(hair medulla)의 3단계로 이루어져 있으며 각기 형태적으로 독특한 분화를 하고 특징적인 케라틴을 형성한다. 모표피는 모피질을 보호하고 있으며 모피질은 모발의 가장 중요한 부분으로 멜라닌 색소와 공기를 포함하여 모발을 지탱하고, 모수질은 둥근모양의 세포로 기포를 갖고 있으며, 모발의 중심에 위치하고 있다.

모발이 자라서 길어지면 모발의 형태, 크기, 모낭의 굽은 정도를 알 수 있으며 모낭의 단면이 원형은 동양인에 많은 모발로 웨이브가 없는 직모가 형성되며 모낭의 단면이 타원형일 경우 파상모로 서양인에게 많이 볼 수 있다. 단면이 거의 평평하고 완전히 구부러져있는 축모는 흑인들에게 많이 볼 수 있다.

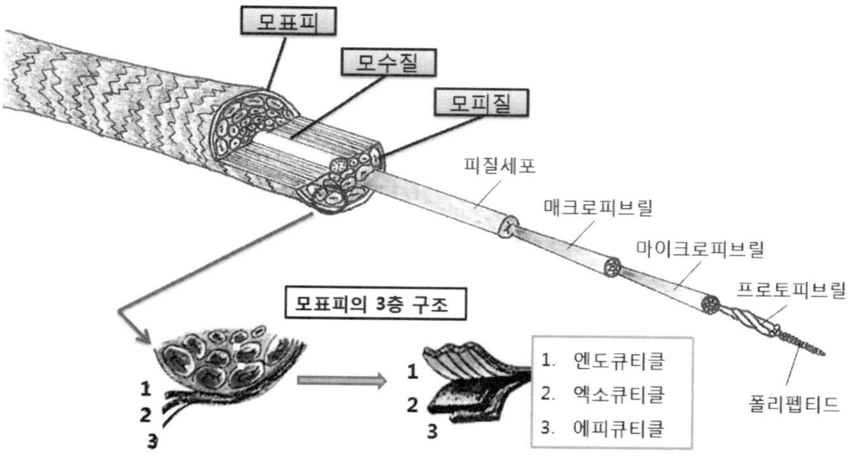

모간부의 구조

1) 모표피(hair cuticle)

모표피는 모간의 가장 바깥 부분으로 케라틴이라는 경단백질로 구성되어 있다. 모표피층의 모발 내 구성 비율은 약 10~15%를 차지하며 모표피의 구성 비율이 높을수록 모발은 단단하고 마찰에 대한 강도도 높으며 퍼머넌트 웨이브제(이하 펌제), 염모제 등의 화학약품과 드라이 세팅 등의 외부공격으로부터 저항력이 강한 모발이 된다. 모발의 외측 부분으로 밑 부분에서 앞부분으로 향하고 있고, 수분함량이 약 15% 정도인 얇은 반투명막의 세포가 비늘모양으로 80% 겹쳐져 있다. 각각의 세포 두께는 2.5~5㎛이며, 모표피 세포는 두께가 약 50~250Å의 얇은 세포외막으로 둘러 싸여있고 상표피와 세포 간 결합물질로 이루어져 있다. 기름과의 친화력이 강하며 물과 약제에 대한 저항력이 강하나 화학적, 물리적, 환경적인 요인들에 의해 형태학적으로 손상, 박리, 탈락하게 되면 모피질에 손상을 주고 결국 모발 전체의 손상(damage)을 가져오게 된다.

모표피는 바깥에서부터 에피큐티클(epicuticle), 엑소큐티클(exocuticle), 엔도큐티클(endocuticle)의 세층으로 나누어진다.

- ▶ 에피큐티클은 모표피 중 최외층에 존재하며 시스틴(cystine)의 함유량이 많고 얇은 막으로 구성되어 수증기는 통과하나 물은 통과하지 못하는 특성을 가지고 있다. 각질용해성 또는 시스틴이 풍부한 단백질이 견고하게 결합되어 단백질용해성의 약품에 대한 저항이 가장 강한 층이다. 그러나 딱딱하기 때문에 물리적인 작용에는 약하다.
- ▶ 엑소큐티클은 시스테인이 풍부한 비정질의 케라틴이고 단백질용해성의 약품에 대한 저항이 강하지만 시스테인 결합을 끊는 약품(펌제)에는 약하다. 또한 케라틴 침식성에 대한 저항력이 약하다.
- ▶ 엔도큐티클은 엑소큐티클과 대조적으로 시스테인이 적고 케라틴 침식성의 약품에는 강하나 단백질 침식성의 약품에는 약하다. 모발을 잡아당기면 엔도큐티클이 갈라지거나 파열된다.

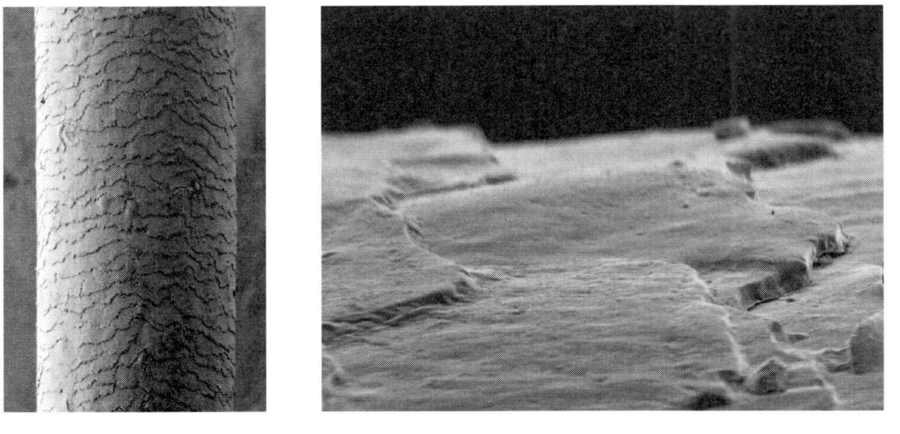

SEM에 의한 모표피 관찰

2) 모피질(hair cortex)

모표피 안쪽에 위치한 모피질은 모발의 대부분인 85~90%를 차지하며, 1~6㎛ 두께의 모발에 대략 100㎛ 길이로서 모양과 크기가 다양하다. 모피질은 크게 결정영역인 피질세포와 비결정영역인 간충물질로 구성되어 있다. 피질 세포 사이사이에 간충물질 CMC(Cell Membrane Complex-세포막복합체)가 있어 섬유와 섬유 사이를 연결시켜 주는 역할을 한다. CMC 간충물질은 케라틴 단백질, 지방질, 세라마이드로 구성되어 있다. 간충물질은 화학적인 시술 시 물에 녹아 유출되어 피질세포끼리의 결합을 약하게 만들고 그로 인해 모발이 손상된다.

모표피 친유성과 대조적으로 모피질은 친수성을 띠며 멜라닌 색소를 함유하고 있어 모발의 색상에 영향을 준다. 모피질은 수백만 개의 단단한 케라틴 섬유가 서로 엉켜 모발의 굵기를 형성하고 있으며, 아미노산의 다중결합(polypeptide)구조를 하고 있다. 이렇게 엉켜있는 섬유질 뭉치들은 모발의 힘 · 두께·컬과 탄성을 결정하게 된다. 즉, 모피질은 모발의 유연성, 탄력, 강도, 감촉, 질감, 색상 등 물리적 · 화학적 성질을 좌우하므로 모발의 성질을 나타내는 가장 중요한 부분이다. 모피질은 멜라닌 색소를 함유하고 친수성을 띠어 퍼머넌트 웨이브와 헤어 컬러링의 영향을 가장 많이 받는 부분이다.

▶ 결정영역(피질세포)
- 매크로 피브릴(macro fibril)
- 마이크로 피브릴(micro fibril)
- 프로토 피브릴(proto fibril): 멜라닌색소를 함유하고 중앙에 핵이 존재하며 마이크로 피브릴과 간충물질로 구성되어있다.

▶ 비결정영역
- 간충물질(matrix)

3) 모수질(hair cortex)

모발의 중심부에 존재하며 비어있는 벌집모양의 다각형 세포로 미세한 공기를 포함하고 0.09mm굵기 이상의 모발에 존재하며, 0.07mm의 가는 모발은 모수질이 존재하지 않는다. 그러므로 모발이 가는 금발머리나 어린아이의 연모에는 모수질이 부족하며, 굵고 거친 모발인 남성의 수염에는 모수질이 존재한다. 모수질이 많은 일반적인 성인의 모발은 웨이브 형성이 잘되지만 모수질이 거의 존재하지 않는 어린이의 모발인 연모는 웨이브 형성이 어렵다.

모수질의 크고 작은 공동(속이 비어있는 상태)으로 공기와 수분을 함유하고 있어 보온의 역할을 하므로 한랭지에 서식하는 동물들의 털은 모수질이 약 50% 이상 차지하여 생존을 위한 중요한 부위 중 하나이다. .

4. 모발의 주기

모발은 모유두의 활동에 따라 모발을 성장시키는 성장기, 성장을 멈추고 모구부가 축소하는 시기인 퇴화기, 모유두가 활동을 멈추고 모발을 두피에 머무르게 하는 휴지기와 모유두가 활동을 시작하거나 또는 새로운 모발을 발생시켜 오래된 모발을 탈모시키는 발생기로 나눌 수 있다. 이를 모발의 주기 또는 모주기(hair cycle)라 한다. 모주기를 5년으로 계산해보면 하루에 약 55만개의 머리카락이 생겨나고 자연 탈모가 되어 이탈하게 된다.

모발의 수는 인종에 따라 차이가 있지만 약 10만개 정도이며 여성이 남성보다 많다. 남성은 3~5년, 여성은 4~6년으로 하루 성장속도는 0.30~0.50mm 자란다. 퇴행기는 3~4주 정도, 휴지기는 3~5개월 정도 지나 자연적으로 탈모가 된다. 사람마다 각기 다른 모주기를 모자이크 타입(mosaic type)이라 하며 모낭들이 각각 다른 독립적인 모주기를 가지고 있어 빠지는 모발과 새로 자라나는 모발이 존재함으로 전체적으로는 큰 차이가 없어 보이며 사람과 원숭이, 돼지가 여기에 해당된다. 싱크로나이즈 타입(synchronistic type)은 모발주기가 일치하여 털이 동시에 빠지는 형태로 주로 동물의 털갈이에서 볼 수 있다.

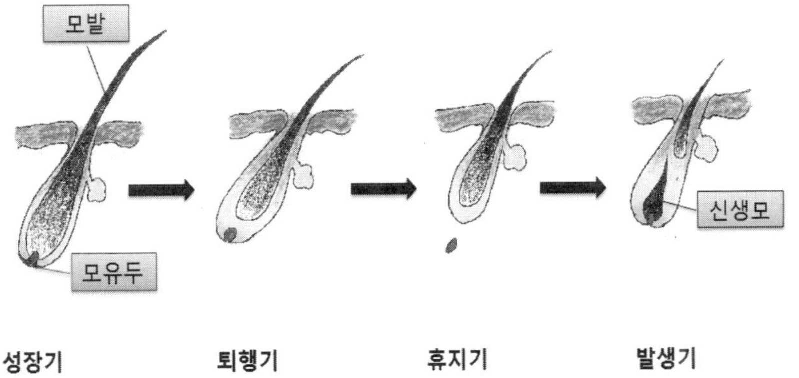

모발의 성장주기

1) 성장기(anagen stage)

성장기는 모발 전체가 성장하는 기간으로 모든 세포들이 각화과정을 거쳐 모섬유로 바뀌어 새롭게 형성된 모낭을 위로 밀어 올려 피부표면으로 나오게 한다. 모유두에 접해 있는 모모세포가 모세혈관으로부터 영양분을 공급받아 활발한 세포분열을 통해 모발이 새롭게 생성되어 빠르게 성장하는 단계이다. 성장기는 다시 2단계로 나뉘는데 모발이 모구로부터 모낭으로 나가려는 모발 생성 단계(new anagen stage)와 딱딱한 케라틴이 모낭 안에서 만들어 지는 단계로 모발 성장

단계(anagen stage)이다. 모발 성장 단계는 퇴행기 까지 자가 성장을 계속한다. 성장기의 수명은 3~4년이며 전체 모발의 80~85%를 차지하고, 한 달에 1~1.5cm 정도 자란다. 모발은 호르몬, 연령, 건강상태, 성별 등 개인에 따라 성장 속도에 영향을 미친다. 성장 속도는 피부 표면에 나오기 전까지 남성이 빠르지만 표면에 나와서부터는 여성이 빠르다. 또한 모발의 길이가 25cm가 된 이후에는 자라는 속도가 느려지는데, 여성 모발의 성장 속도 연령대로는 15~25세까지가 가장 빠르며 1년 중 성장이 빠른 속도는 포근한 날씨인 6월과 7월이고, 낮보다는 밤에 성장 속도가 빠르다.

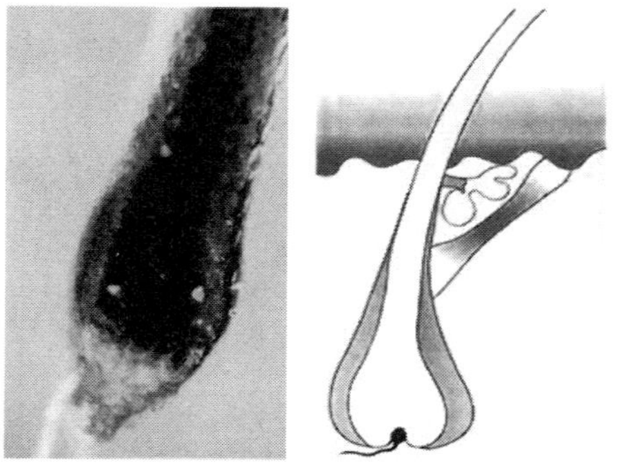

성장기

2) 퇴행기(catagen stage)

퇴행기는 모발의 성장이 느려져 성장기가 끝나고 정지되는 단계로 모발의 형태를 유지하면서 휴지기로 넘어가는 중간 시기이다. 모구부의 수축현상으로 모모세포가 분열을 멈추어 탈모 준비를 시작한다. 또한 퇴행기에는 케라틴을 만들어 내지 않는다. 모낭의 하부 부분이 수축되어 모유두와 분리되며 모발이 모낭에 둘러싸여 위쪽으로 올라간다. 전체 모발의 약 1% 정도가 퇴화기 단계에 해당되며, 수명은 2~3주 정도이다.

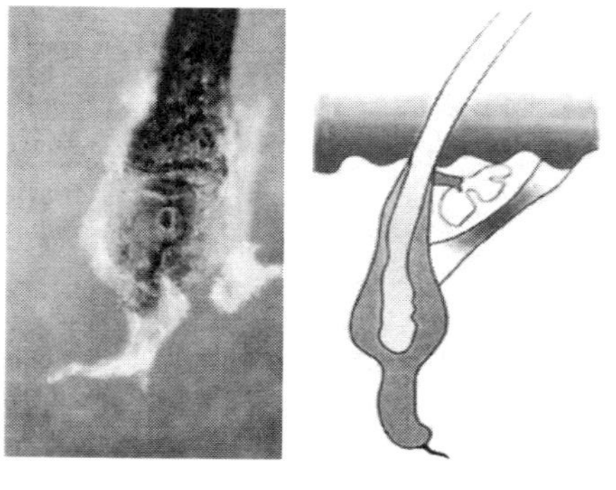

퇴행기

3) 휴지기(telogen stage)

휴지기는 모낭과 모유두가 완전히 분리되어 모근이 위쪽으로 밀려 올라와 자연 탈모된다. 휴지기에는 모낭의 깊이가 1/3로 길이가 짧아져 모발의 고착력도 약해지고 멜라닌 색소도 줄어들어 곤봉 형태를 보이게 된다. 샴푸 또는 브러싱 등과 같은 자극에도 두피에서 떨어져나가고, 휴지기 단계에서 모모세포가 활동을 시작하면 새 모발로 대체된다. 휴지기의 수명은 3~4개월로서 전체 모발의 약 15%에 해당되며, 여성의 경우 분만 후에는 30~40%로 늘어난다.

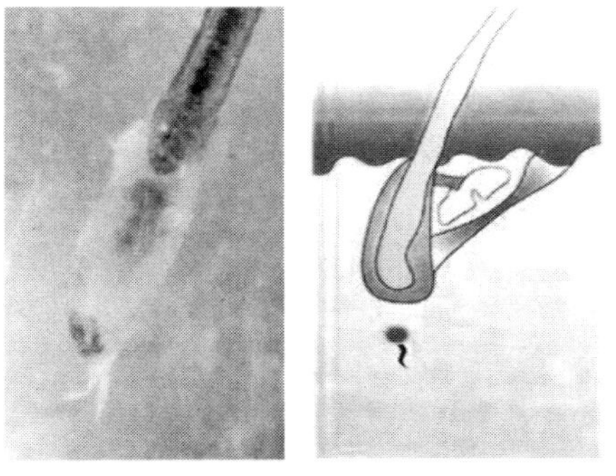

휴지기

4) 발생기(return to anagen)

휴지기에서 입모근 근처까지 올라갔던 모낭이 진피 내에 있는 모유두까지 내려오기 시작하고 모구부와 모유두가 결합하여 새로운 모발을 형성하며 기존의 모발을 밀어 올려 탈모시키는 시기이다. 배아세포의 세포 분열에 의해 모구가 팽창되어 새로운 신생모가 성장하는 시기가 발생기이다. 발생기는 질병, 유전, 체질, 연령 등에 따라 차이를 보인다.

5. 모발의 구성성분

모발은 단백질의 일종인 케라틴으로 80~90% 이루어져 있으며 그 외에 수분 10~15%, 멜라닌 색소 3%, 지질 1~8%, 미량원소 0.6~1%가 포함되어 있다. 케라틴은 물리적인 강도가 강하고 탄력이 크며 여러 종류의 화학약품에 대한 저항력도 강하다. 모발의 화학적인 성분은 여러 가지 색에 따라 다른데 어두운 색의 모발은 보다 많은 양의 탄소와 적은 양의 산소를 가지고 있으며 밝은 색의 모발은 이와 반대의 화학적 성분으로 이루어져 있다.

단백질 (경케라틴)	멜라닌 색소	지질	수분	미량원소
80~90%	2~3%	2~8%	10~15%	0.5~1.0%

탄소 (carbon, C)	산소 (oxygen, O)	질소 (nitrogen, N)	수소 (hydrogen, H)	황 (sulfur, S)
51%	20~21%	17~18%	6%	5%

모발의 주성분과 화학적 성분

1) 케라틴(keratin)

케라틴(keratin)은 단백질로서 시스틴(cystine)을 15~18% 함유하고 있다. 모발이나 손톱을 태우게 되면 냄새가 나는데 이는 시스틴이 분해되어 생긴 유황화합물의 냄새이다. 케라틴 단백질은 약 18종의 아미노산으로 구성되어 있지만 아미노산의 종류와 배합에 따라 그 형상과 성질은 다르게 나타난다.

케라틴은 모발 등과 같이 단단한 경케라틴과 피부의 표피와 같이 부드러운 연케라틴으로 구별된다. 경케라틴은 섬유상 단백질로 4~8%의 유황, 소량의 수분과 지방으로 구성되어 있으며, 연케라틴은 2%의 유황, 50~70%의 수분과 소량의 지방으로 이루어져 있다.

케라틴은 다른 단백질에서 볼 수 없는 특유의 비율을 보이는데 이는 염기성 아미노산의 히스티딘, 라이신, 아르기닌의 비율이 1 : 3 : 10으로 되어있다. 유전, 생활환경, 식사, 미용 처리 등의 영향으로 시스틴 함유량이 다르기 때문에 모발 케라틴의 특징을 갖는다.

2) 결합수(combined water)

모발 중의 수분은 피부의 경우와 같이 중요한 역할을 하며 유연함, 광택, 통풍, 잡아당길 때의 강도, 정전기량 등 모발이 갖는 기계적 성질과 미용적 특성에 영향을 준다. 모발에는 수분을 흡수하는 성질이 있으며 대개 10~15% 수분을 함유하고 있다. 모발 세정 후에는 30~35%, 드라이로 건조 시에는 10% 전후의 수분이 남는다. 수분양은 외부에 습도가 높으면 수분 함유량이 높아지고 온도가 높으면 반대로 낮아지게 된다. 모발의 손상도가 크면 수분 보유력이 약화되어 수분의 함유량이 적어지게 되므로 모발 손상도의 하나의 표준이 될 수 있으며, 일반적으로 수분량이 10% 이하가 되면 건조모가 되고 수분을 보충할 경우 정상 모발보다도 흡수량이 크게 된다.

3) 멜라닌 색소(melanocyte)

멜라닌은 피부에서는 표피의 기저층에 존재하며, 모발에서는 모모세포층의 모유두 끝부분에 위치한다. 멜라닌 색소는 색소형성 세포 내 티로신(tyrosin)을 전구체로 티로시나아제(tyrosinase)라는 효소의 생합성에서 시작된다. 이 효소의 산화, 환원작용에 의해 아미노산은 몇 단계를 거쳐 최종적으로 유멜라닌 또는 페오멜라닌을 만들어낸다. 이는 모발색을 형성하고 이 색들은 피부색과 같이 멜라닌색소 합성에 따라 결정된다. 멜라닌 색소는 몸 안에서 모발을 착색시킬 뿐만 아니라 유해활성산소를 없애주는 역할과 자외선으로부터 모발과 두피를 보호한다.

멜라닌은 두 종류의 유멜라닌(eu-melanin)과 페오멜라닌(pheo-melanin)으로 유멜라닌은 주로 갈색이나 검은색이며, 흑인과 동양인들의 피부나 모발색을 결정짓는다. 페오멜라닌은 금발색으로 노란색이나 빨강색 머리의 주 색소로 서양인들의 피부나 모발에서 나타난다. 검은 색소에 비해 색소 미립자가 작다. 즉, 동양인은 모피질이 얇고 모표피는 두꺼운 형태를 가진 흑색에서 적갈색 색상이 두드러지고 서양인은 모피질이 두껍고, 모표피는 얇은 형태를 가진 노란색이나 빨강색 등 다양한 모발 색을 갖는다.

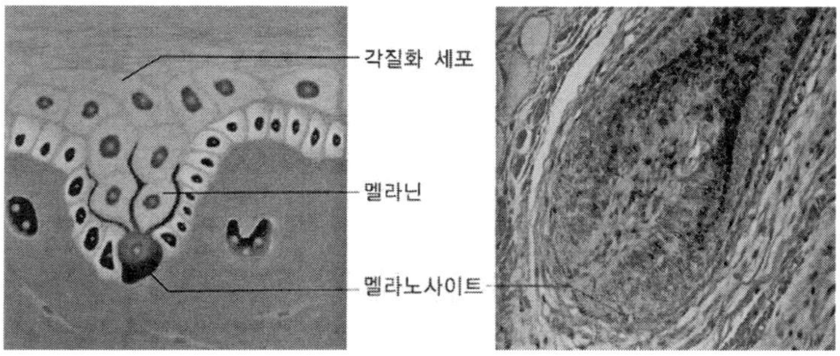

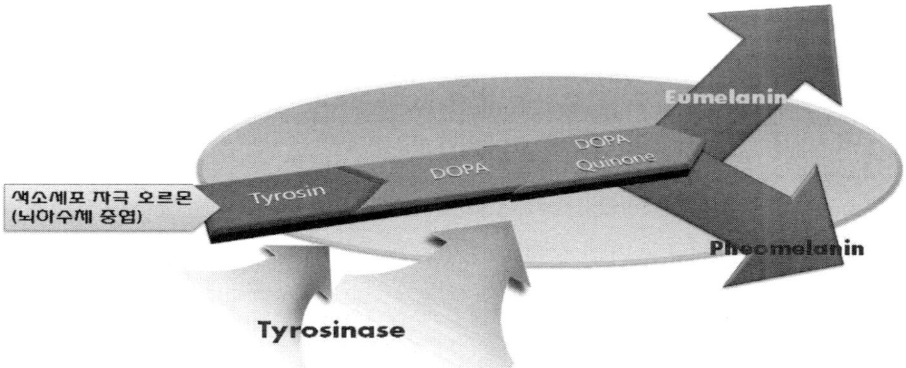

멜라닌 합성 단계

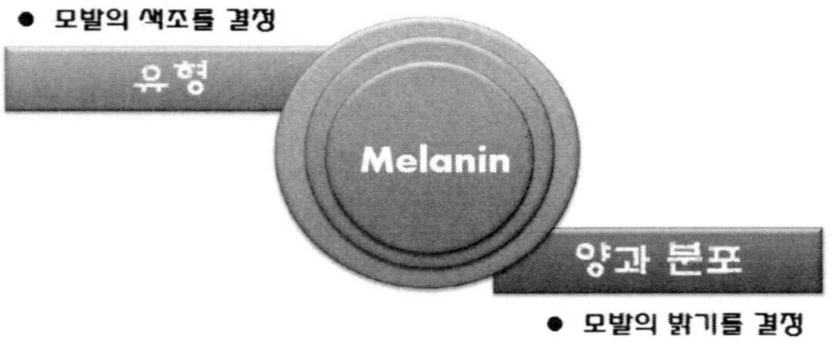

멜라닌과 모발색상

4) 지질(nature of oil)

모발의 지질에는 피부와 마찬가지로 피지선에서 분비된 피지와 피질세포 자신이 가지고 있는 지질을 함유하고 있다. 모발의 친유성 부분은 개인차가 있지만 모발 전체에서 약 1~9%를 차지한다. 피지선에서의 피질은 모발에 나중에 부착된 것으로 모발 본래의 성분이 아닐 수 있다. 그러나 두 종류의 지질의 구별이 매우 어렵기 때문에 양자를 일괄하여 모발의 피지로 취급하고 있다. 피지 분비량과 조성은 내부와 외부요인에 따라서 영향을 받기 때문에 개인차가 크며, 일반적인 피지의 분비량은 하루에 1~2g정도이며 모발의 지질은 유리지방산 56%와 중성 유지분 44%로 되어 있다.

5) 미량원소

모발을 건강하게 유지하는데 필수요소로 체내에 극히 미량으로 존재하기 때문에 미량원소라 한다. 모발 케라틴은 금속과 쉽게 결합하는 산성기를 가지고 있어 금속이온을 흡수한다. 탄소, 수소, 질소, 황 등 모발색소구성에 있어 영향을 준다. 모발의 색은 미량으로 포함되어 있는 금속의 종류에 따라 달라지는데 백발은 니켈(Ni), 적색모발에는 철(Fe), 흑발에는 구리(Cu), 황색모발에는 티탄산염 등이 함유되어 있다. 이들 외에도 인(P), 규소(Si) 등의 비금속을 함유해 30종정도의 무기성분이 포함된다.

6. 모발의 기능

1) 보호의 기능

전신에 있는 모발은 외부의 충격이나, 직사광선, 더위, 추위, 미생물과 세균 등으로부터 인체를 보호하며 모발이 있는 신체 주위에 따라서 벌레나 이물질, 땀의 침투 등을 막아주기도 한다. 머리카락은 두개골을 외부의 충격으로부터 뇌를 보호하는 중요한 기능을 지니고 있다. 겨드랑이의 털은 피부사이의 마찰로 인한 손상을 막아주는 역할을 한다.

2) 배출의 기능

전신에 있는 모발은 일광과 더위 등을 막고 체내에 축적되어 있는 독소와 수은, 아연 등의 중금속을 체외로 배출하는 배설기능이 있다. 이러한 중금속을 간(肝) 다음으로 가장 많이 체외로 배출하는 기능을 한다. 이러한 기능으로 사인을 규명하는 과정에 쓰이기도 한다.

3) 장식적 의미의 기능

현대사회에 가장 부각되는 기능 중 하나로 남성과 여성의 특징을 가장 잘 나타내며 헤어스타일과 색상으로 같은 사람임에도 불구하고 색다른 느낌을 주어 자신의 아름다움과 개성을 어필하여 다른 인상을 줄 수 있다.

4) 감각전달의 기능

모근부 주위에 존재하는 지각 신경에 의해 외부로부터 자극에 민감하게 반응할 수 있는 촉각으로 인체를 보호하는 기능이다.

7. 모발의 특성

1) 모발의 인장(강도 및 신도)

모발의 강도는 모발을 당겼을 때 끊어지지 않고 견디는 힘을 말한다. 모발에 힘을 가하여 당기면 점차 늘어나는데 이때 늘어난 신장률을 신도(%)라 하며, 모발에 가해진 하중을 인장강도(g)라 한다. 건강한 모발은 인장강도가 강하지만 손상모발은 반대로 약하다. 모발 한 올의 평균 인장강도는 150g, 굵기는 80~90㎛이다.

일반적으로 60%의 상대습도에서 5cm의 모발을 0.25cm/min의 속도로 서서히 인장특성을 측정할 때 측정조건, 모발의 수분율, 모발의 전처리 이력, 길이, 굵기, 시험 속도, 실험실의 온도와 습도, 모발의 손상정도 등이 영향을 준다. 모발에 힘을 가하면 점점 늘어남과 동시에 끊어진다. 이러한 인장 특성은 모표면의 특성과는 달리 모발 전체의 특성이며 모표피보다 모피질의 특성에 의해 영향을 받는다.

2) 모발의 흡습성

모발이 수분을 흡수하는 것은 케라틴 단백질의 친수성 때문이며, 공기 중의 습도가 높으면 수분을 흡수하고 건조하면 수분을 발산하는 성질인 흡습성을 지니고 있어 수분이 모발 안으로 흡착된다. 수분의 흡수 속도는 수증기에서보다 수중에서가 더 높으며 실온에서의 액체의 물은 15분 이하, 35℃에서는 5분 이하의 속도로 침투된다. 보통 모발은 10~15%의 수분을 함유하고 세정 후엔 30%정도, 드라이로 건조시키면 약 10%정도의 수분을 함유한다. 온도와 습도에 따라서도 수분량이 달라지는데 습도가 높으면 수분 함유량이 올라가고 온도가 올라가면 수분 함유량이 낮아진다.

모발의 흡습성은 염색이나 퍼머넌트에 영향을 주는데 모발 전체에 수분이 고르지 않으면 컬러의 색조들이 고르지 않게 나타나며 펌의 웨이브 형성에도 영향을 미쳐 모발의 손상을 일으킨다. 모발의 수분은 모발을 탄력성 있고 촉촉하게 해주지만 지나치게 수분이 많을 경우 웨이브의 형태를 없애므로 세팅 로션이나 스프레이를 사용하여 형태를 고정해야한다.

3) 모발의 팽윤성

팽윤이란 어떠한 물체가 수분이나 용매를 흡수하여 그 본질을 변화시키지 않고 체적을 증가시키는 형태로 모발의 경우 수분이나 액체를 흡수해 부피가 증가하여 모발의 길이와 무게가 늘어나는데 이 성질을 팽윤이라고 한다. 모발의 팽윤은 팽윤이 진행되다 어느 진행에 도달했을 시 더 이상 진행이 멈추는 유한 팽윤과 계속 진행이 되어 용액이 되어버리는 무한 팽윤이 있다. 실온에서 15분 이상, 고온에서는 5분 이내로 거의 팽창에 가까운 팽윤도가 된다. 물이 흡수되어 늘어지는 지점과 측쇄가 원래의 상태로 돌아가려는 지점이 평행에 도달하면 더 이상 팽윤이 진행되지 않는다. 모발을 물에 담가두면 길이 1~2%, 직경 15%, 무게 30%정도 증가한다. 팽윤은 건조, 염색, 축면 등 젖은 상태의 시술 과정 시 신중하게 고려해야 한다.

4) 모발의 열변성

열이 모발에 미치는 영향은 건열과 습열이 다르며 건열에서는 120℃ 전후에 팽화되고 130~150℃에 변색이 시작되어 270℃~300℃가 되면 타서 분해되기 시작한다. 그러나 물리적으로 그 강도가 이미 80℃~100℃에서 약화되기 시작하고 화학적으로는 150℃ 전후에 시스틴이 감소되고 180℃가 되면 α-keratin이 β-keratin으로 변한다. 습열에서 시스틴의 감소는 100℃ 전후에 볼 수 있고 10분간 130℃에 노출하면 keratin의 α형은 β로 변화한다. 케라틴의 변성은 습도에 영향을 받는데 습도 70%에서 70℃부터 시작되지만 습도 97%에서 60℃에 변성되기 시작한다. 따라서 열기기의 온도는 60℃이하로 하는 것이 모발의 손상을 방지할 수 있다. 모발에 약제가 묻어 젖어 있는 경우 열 변성을 한층 강하게 받게 되어 모발 손상을 일으킨다. 모발은 단단한 경케라틴의 단백질로 되어 있어 필요 이상으로 열을 가하면 단백질의 열변성으로 원래대로 돌아갈 수 없다. iron의 경우 온도는 120~140℃, 블로우 드라이는 보통 90℃ 전후로 모발이 손상되지 않도록 세심한 주의가 필요하다.

5) 모발의 광변성

태양광선 중 적외선과 자외선은 모발 손상을 일으키며 적외선은 물체 닿으면 열을 발생시키는 열선으로 케라틴의 측쇄결합을 파괴하여 손상을 주며 자외선은 과도한 노출 시에 모발의 시스틴 함량을 줄여 멜라닌 색소 파괴를 시켜 모발 탈색을 유도한다. 두피에 적당한 적외선을 노출시키면 말초혈관의 순환을 도와 탈모방지, 육모 등에 트리트먼트 효과가 있다.

여름철이나 가을철 자외선 지수가 상승하는 계절에는 자외선 차단성분이 함유된 헤어제품을 발라 사전에 모발 손상을 방지하는데 효과적이다.

6) 모발의 대전성

모발과 빗에 생기는 +전하와 -전하에 의해 생기는 것으로 모발을 브러싱(brushing)하거나 백코밍(back combing)할 때 브러시에 모발이 엉키는 정전기 현상으로 모발에 각종 먼지나 종이 등 다른 이물질이 붙기도 한다. 특히 플라스틱 빗으로 브러싱 했을 경우 모발은 빗의 이동에 따라 정전기를 띠게 된다. 마찰을 적게 하거나 습기를 보충하여 정전기를 방지할 수 있다. 헤어제품 중 정전기 방지제로 카티온(cation) 계면 활성제를 첨가한 린스제나 비이온 계면활성제를 넣은 트리트먼트, 폴리에틸렌, 글리콜, 글리세린을 첨가한 제품 등이 있다.

7) 모발의 pH

pH(power of hydrogen ions)란 측정 단위로 수분을 포함하고 있는 물질이 산성, 알칼리성의 정도를 나타내는 수치로 1~14까지의 범위로 나타낸다. 건강한 모발은 pH4.5~5.5의 약산성이며, pH 10 이상이 되면 모발이 심하게 팽윤, 연화되어 손상된다. 수분이 없는 물질에는 pH가 존재하지 않으며 반드시 수분이 있는 물질에서만 측정하여 나타낼 수 있다. 또한 제품의 pH에 따라 모발의 손상도가 달라지고 회복될 수 있다.

모발의 아미노산은 분자 내의 염기성 아미노기 1개(NH2)와 산성의 카르복실기(-COOH) 1개를 가지고 있으며 염기성과 산성기가 균형을 유지하는 것을 중성아미노산이라고 한다. 모발의 기본 구조는 직물 구조와 같이 긴 세 가닥의 케라틴 단백질이 결합하여 단단하게 꼬여있는데 세로의 결합은 폴리펩티드끼리의 결합으로 이루어져 있는 것을 주쇄결합이라하고 주사슬마다 가지고 있는 곁사슬끼리의 가로 결합은 측쇄결합이라 한다.

폴리펩티드 결합 혹은 주쇄결합은 수백에서 수천 개의 아미노산이 모여 폴리펩티드 결합을 이루고 있어 결합력이 매우 강하며 측쇄결합에 비해 결합력이 더 강하기 때문에 모발이 가로보다 세로로 더 쉽게 끊어진다. 측쇄결합으로는 수소결합, 염결합, 시스틴 결합, 펩티드 결합이 있다.

모든 아미노산과 카르복실기 폴리펩티드 결합 또는 염결합을 할 때에 모발의 케라틴 단백질의 pH는 4.5~5.5이며 이것은 측쇄의 염결합이 가장 안정되어 있는 수치로 '모발의 등전점'이라고 한다. 모발에 알칼리제를 처리하여 등전점에서 멀어질수록 아미노산의 결합이 약해지고 모발도 약해진다.

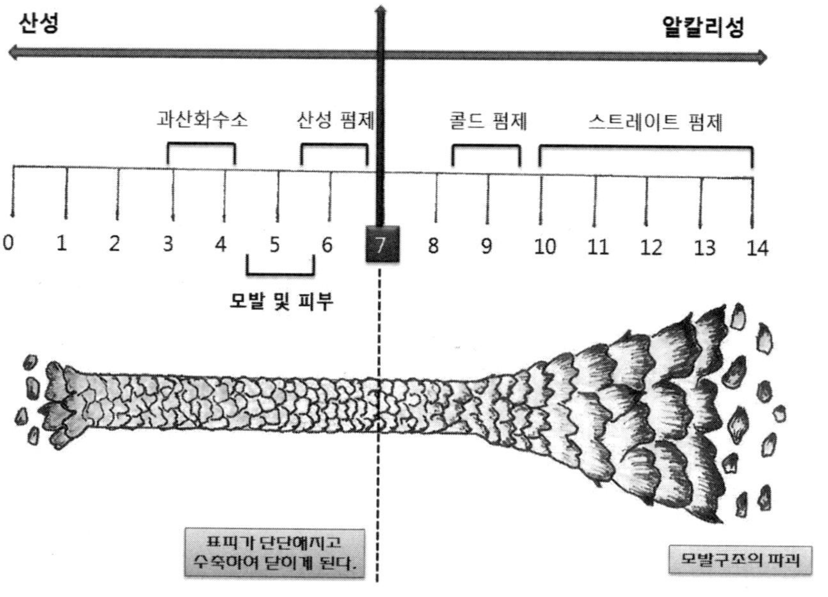

모발의 pH에 의한 변화

8. 모발의 분류

모발은 단면의 형태와 굵기에 따라 분류할 수 있다. 굵기에 따른 분류로는 취모, 연모, 중간모, 경모, 세모이고, 형태에 따른 분류로는 직모, 파상모, 축모가 있다.

1) 모발의 굵기에 따른 분류

① 취모(배냇머리, lanugo hair)

취모는 배냇머리라 불리며 임신 20주경에 전신에 발달되며 모발, 눈썹, 속눈썹 등을 제외하고 모든 모낭에서 연모로 대체된다. 굵기는 약 0.02mm로 가늘고 수질이 없으며 멜라닌이 없거나 거의 없기 때문에 무색을 띈다. 임신 8개월 차부터 점차 연모화된다.

② 연모(솜털, vallus hair)

연모는 피부의 대부분을 덮고 있는 솜털을 말하며 0.08 mm 이하로 가늘고 짧으며 섬세하다. 색소가 거의 없어 눈에 잘 보이지 않는 연갈색의 색상을 띄며 모수질이 존재하지 않는다. 취모가 모낭에서 탈락되면서 연모가 자라고 사춘기를 전후로 경모로 바뀐다. 탈모 진행형 모발에서도 볼 수 있다.

③ 중간모(intermediate hair)

중간모는 연모와 성모의 중간 굵기의 모발이다.

④ 경모(성모, terminal hair)

경모는 0.15~0.20mm의 단단한 단백질과 풍부한 멜라닌 색소가 결합된 굵은 털로 머리카락, 속눈썹, 수염, 겨드랑이 등을 구성하는 모발이다. 30대 이후 점차적으로 연모화되며, 연모가 경모로 자라는 정도는 유전적인 요인과 내분비기관의 영향에 따라 다르며 서양인의 가슴의 자라는 경모가 동양인에게도 생기게 되는 것이다.

⑤ 세모(vellus hair)

모낭의 축소화에 의해 경모에서 연모화(fine hair)된 가변성을 가진 모발을 말한다.

2) 모발의 형태에 따른 분류

모발은 그 형태에 따라 직모, 파상모, 축모의 3종류로 나뉘며 이들 간에 명확한 구분은 인종에 따라 확연하게 구별된다. 이러한 구분은 유전에 기인한다. 모발의 횡단면 최소 직경은 최대 직경으로 나누어 100배나 되는 수치를 모경지수라 하며 이 지수가 100일 경우 완전한 원형이고 작으면 타원형이나 편평한 모양이다. 동양인의 모발은 거의 원형으로 보통 직모가 많고 원형과 타원형의 혼합이면 약간 곱슬머리, 타원형과 편형의 혼합이면 심한 곱슬머리가 된다.

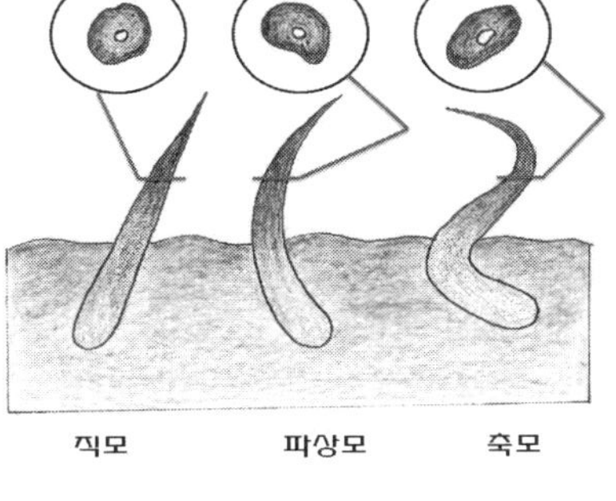

모발의 형상에 따른 분류

① **직모(straight hair)**

직모는 모경지수가 75~85 정도로 모발의 단면이 원형에 가깝고 모낭의 모양도 곧은 형태로 주로 동양인에게 나타나는 모발의 현상이다. 오쏘세포(ortho cortex)와 파라세포(para cortex)의 비율이 적절한 안정된 구조를 보이는 직모에 반해 축모나 파생모는 오쏘세포와 파라세포의 비율이 적절하지 못하여 모발의 비틀림 현상이 나타나며 모발이 쉽게 끊어지는 현상이 나타난다.

② **파상모(wavy hair)**

직모와 축모의 중간 형태로 모경지수가 60~75 정도로 타원형에 가깝고 유전적이 경향이 크다. 모낭의 한쪽이 약간 굽어 곱슬거리는 형태이다. 백인에게 많이 나타나며 굵은 웨이브가 있다.

③ **축모(kinky hair)**

흔히 곱슬머리, 염주모라고도 하며 모경지수가 50~60 정도로 편평하며 심한 곱슬머리이다. 모낭이 한쪽으로 완전히 휘어 있어 모발이 곱슬한 형태로 자란다. 흑인에게 많으며 선천적, 유전적인 경향이 강하다.

9. 모발의 손상

1) 모발 손상의 원인

모발의 굵기와 모질은 개인의 영양상태나 유전인자, 건강 등의 영향과 외부의 자극 등에 의해 변화한다. 모발의 변형이 부정적인 상태로 나타나는 것을 '손상모' 라고 한다. 모발 손상의 원인은 염색, 탈색, 퍼머넌트와 같은 화학처리가 주를 이루지만 그 외에도 다양한 원인들이 존재한다. 모발은 동일 인물이어도 자라는 부위에 따라 다르고 또한 한 개의 모발이어도 굵기에 따른 모질도 다르다. 모발이 모유두에서 생성되는 과정에 인체의 영양 상태나 건강, 외부의 환경 등에 따라 모발의 굵기와 모질이 변화한다. 모발의 손상을 일으키는 원인으로 크게 물리적, 화학적, 자연적, 생리적인 것으로 나눌 수 있다.

① **물리적 원인**

물리적 원인에 의한 손상으로는 잘못된 브러싱이나 타월 드라이, 블로우 드라이, 아이론, 잘못된 커팅 도구 사용 등으로 모발에 손상이 오는 경우이다. 샴푸 중 과도한 두피자극, 고무줄과 머리핀 등으로 잡아당기거나, 금속성인 저 품질의 미용기구 사용, 또한 모발에 볼륨(volume)을 주기위해 시술되는 백코밍의 경우에도 모발에 손상을 일으킨다. 아이론이나 드라이기의 온도 과열로 인한 잘못된 사용은 모발의 수분이 증발하여 건조모가 되며 잦은 드라이는 모발의 표피에 유분을 제거하는 역할을 하여 모방의 손상을 일으킨다.

② 화학적 원인

화학적 원인으로 퍼머넌트 웨이브제, 염모제 및 탈색제에 함유되어 있는 알칼리제는 모발의 가장 외피 부분인 모표피 층을 팽윤시킴으로 퍼머넌트 웨이브제나 염모제, 탈색제에 함유된 성분이 효과적으로 모발 내부로 침투하기 위해 필요한데 퍼머넌트 웨이브제나 염모제에는 주로 암모니아(ammonia), 모노에탄올아민(momoethanolamine) 등이 있다. 암모니아는 휘발성 물질로 모발 및 두피에 잔류성이 없어 손상이 적은 편이지만 모노에탄올아민은 휘발성이 없어 모발 및 두피에 잔류성이 많아 손상을 입히게 된다. 염·탈색제의 산화제로는 과산화수소가 사용되는데 이는 멜라닌 색소를 분해함과 동시에 케라틴 단백질을 분해하여 모발을 손상시킨다. 과다 함축된 과산화수소 사용, 시간 초과, 컬러링의 잦은 시술로 모발 내부의 피질 세포까지 손상을 주어 모발의 절단이나 결절모등이 생기고 심하면 탈모 증세까지 이르게 된다.

③ 자연적 원인

자외선에 의해 열을 느낄 수는 없으나 피부와 같이 모발도 강한 자외선을 받으면 케라틴단백질이 변형을 일으킨다. 모발은 항상 10% 내외의 수분을 보유하여 촉촉하고 부드러운 상태를 유지하고 있지만 자외선이나 뜨거운 공기에 노출되면 수분함유량이 감소되어 푸석푸석해져 건조한 모발이 되기 쉽다. 바닷물이 모발에 닿았을 경우 모발 속에 존재하는 유멜라닌을 산화, 분해시켜 적색화를 더욱 가속화시킴으로 해변에서는 태양열에 노출 되지 않도록 주의해야 한다. 바닷물에 함유된 염분은 단백질을 응고시키고, 딱딱하게 하므로 염분에 노출 후에는 미지근한 물로 충분히 씻어내야 한다. 이 외에도 대기오염의 손상으로 공장의 연소가스 자동차 배기가스에 포함된 아황산화합물(SO_2, SO_3), 질소산화물(NO, NO_2)과 같은 물질에 의해 화학적 손상을 일으킬 수 있으며 대기 중의 먼지와 같은 이물질로 모표피의 물리적 손상을 야기시킬 수 있다.

④ 생리적 원인

생리적인 원인으로는 유전, 호르몬의 영향, 스트레스 등의 영향을 들 수 있으며 이러한 요인들이 두피에 영향을 주어 비듬성, 민감성, 지루성, 건성 등의 문제성 두피를 만들며 더욱 심하면 탈모에 이르기까지 한다. 스트레스는 두피의 근육을 긴장, 수축시켜 모유두에 혈액과 영양분이 원활하게 공급되는 것을 방해한다. 또한 편식이나 다이어트로 인한 영양분 결핍으로 모발의 성장과 기능이 약화되어 모발의 성장을 방해한다.

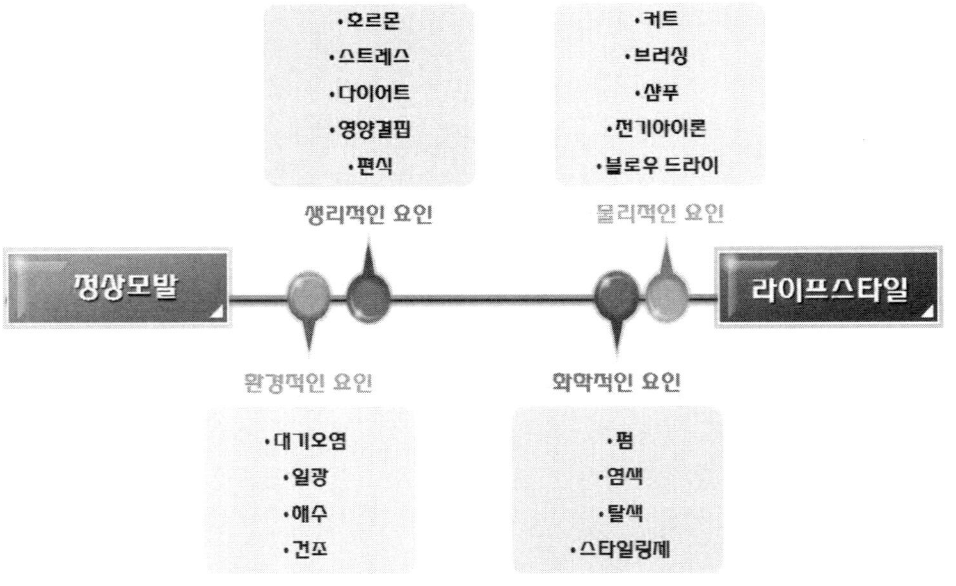

모발의 손상에 따른 분류

2) 모발 손상 분류

① 마찰에 의한 손상

모발의 가장 외측부분인 모표피층은 비늘 모양의 단단한 케라틴 단백질이 5~15겹으로 모간쪽으로 겹쳐져 있어 외부로부터의 자극에 대한 저항력이 있다. 그러나 잦은 샴푸, 타월 드라이, 브러싱 등 마찰에 의해 모발이 자극을 받게 되어 모표피의 일부가 벗겨지고 같은 부위를 반복적으로 자극을 가하면 손상부위가 넓어진다. 샴푸할 때 거품이 적은 상태로 모발을 비비거나 머리를 타월로 과도하게 비비는 행위들은 모발에 손상을 준다.

모표피층이 손상되면 모피질이 노출되어 모발은 건조하게 되므로 브러싱을 하기 전 모표피에 브러싱제나 스타일링제를 도포하여 얇은 피막을 만들어 주면 모발에 광택뿐만 아니라 마찰을 적게 하고 정전기의 발생을 막아 모발의 손상을 억제시키는 중요한 역할을 한다.

② 열에 의한 손상

모발 단백질은 열에 약하지만 피부보다는 강한 저항력이 있으며 그 한계점은 150℃ 정도이다. 모발은 보통 10~15%의 수분을 함유하고 있지만 가열하면 이들의 수분이 증발 건조되어 감촉이 악화된다. 가열할 경우 70℃에 표면이 변하기 시작하여 100℃ 이상이면 케라틴의 단백질이 경화 변형을 일으킨다. 130~150℃ 이상의 열을 가하면 모발이 변색되고 모피질 및 모수질 중에 기포가 생기기 시작하여 탄력을 잃어간다. 250℃ 전후 아이론이 약 1분간 모발의 표면에 닿으면 그 부분의 모표피는 녹게 되고 그 이상의 온도가 되면 타서 분해된다. 헤어드라이어와 아이론을 자주 사용한 모발은 점차 수분을 잃어 건성화가 되어 약간의 자극에도 쉽게 손상이 된다.

③ 미용 시술 도구에 의한 손상

미용시술시 행하여지는 모든 과정에 의한 손상으로 가위나 레이저를 사용한 시술, 브러시를 이용한 백콤 처리에 따른 손상으로 날이 잘 들지 않는 가위나 레이저(razor)를 이용하여 시술할 경우 절단면은 모피질의 방향이 나타나는 범위가 넓어 단백질에서의 유실과 수분의 증발이 감소되기 때문에 기모와 분열모가 발생되기 쉽게 된다. 불량한 가위로 컷을 하거나 헤어컷의 기술 미숙으로 인하여 모표피를 깎아 버리면 손상된 자리로부터 모피질의 수분이 증발하거나 용제가 침투하기 쉽게 되므로 좋은 도구와 올바른 기술을 사용하여 모발의 손상을 최소화 할 수 있다.

④ 펌 약제에 의한 손상

모발에 맞지 않는 펌제의 선택이 잘못된 경우, 제2제의 처리 불량, over time 등이 생길 경우 등의 조작이 부적절한 경우 모발은 제1제로 환원된 그대로의 상태 그대로 모발 가소성이 회복되지 않기 때문에 모표피가 손상될 뿐만 아니라 모발 내부 물질의 유실에 의해 탄력이 없어지고 약해져서 손상으로 진행된다. 로드 제거 후 모발에 산성린스처리 불충분으로 모발중 알칼리가 잔류하기도 하고 산화제가 잔류된 채로 있으면 케라틴 단백질의 변성과 멜라닌 색소 등 퇴색을 일으킨다. 그러므로 퍼머넌트나 염색을 한 후에는 약성분이 남아 있지 않게 충분히 헹구어주고 트리트먼트나 린스 관리를 하여 모발의 등전점을 항상 유지시키도록 한다.

⑤ 염색 · 탈색에 의한 모발 손상

탈색은 모피질 내의 멜라닌 색소를 산화제의 작용으로 제거하는 시술을 말한다. 제1제는 알칼리제(암모니아수)를 주성분으로 하고 제2제는 산화제(과산화수소)를 주성분으로 한다. 이들을 혼합할 때 발생하는 산소가 멜라닌 색소를 분해하여 모발의 색소를 옅게 만들어 발색시키는 것이다. 염모제와 탈색제의 산화제로 과산화수소가 사용되고 있으며 이는 산화염료의 색소를 발색시키는 것과 함께 모발 색소의 탈색 작용에 필요한 물질이다. 그러나 멜라닌 색소를 분해함과 동시에 케라틴 단백질을 분해하여 모발의 구조와 성분을 바꾸기 때문에 건조하고 손상 이 쉬운 모발이 된다. 단기간 동일한 모발에 시술을 반복하게 되면 모발은 팽윤 · 연화의 반복에 의해 모표피가 왜곡됨으로써 손상된다. 모발의 등전점은 pH 4.5~5.5로 약산성이지만 산화염색제와 탈색제는 pH 9.5~12의 알칼리성이다.

⑥ 태양광선에 의한 모발 손상

태양광선은 파장의 길이에 따라서 적외선, 가시광선, 자외선의 3개로 나뉜다. 이중에서 모발에 영향을 주는 것은 적외선과 자외선으로 적외선은 열선으로서 물체에 닿으면 열을 발생시켜 모발의 케라틴 단백질을 손상시킨다. 자외선은 모발의 단백질 변형과 케라틴의 시스틴 결합을 파괴시키고 강도와 신도가 저하된다.

⑦ 영양소 결핍에 의한 손상

과도한 다이어트나 편식에 의해 단백질 부족이나 철분 부족으로 모발에 영양이 원활히 공급되지 않을 경우 모발의 성장과 기능이 약화되므로 아미노산이 함유된 단백질(대두, 멸치, 어유, 우유, 고기, 계란 등)을 균형 있게 섭취하여야 한다. 또한 비타민과 미네랄(특히 철, 아연 등)도 모발에 필요하며 비타민 A, D는 피부를 튼튼하게 만들어 비듬과 탈모를 막아주고 탈모 후 모발이 다시 재생되는 효과가 있다. 리놀산은 낙화생, 참깨 등에 포함되어 있어 섭취 시 모발에 광택을 주며 다시마와 미역 등의 해초에는 모발의 영양분이 되는 철, 요오드, 칼슘이 다량으로 함유되어 두피의 신진대사를 높여주는 효과가 있다. 특히 요오드는 갑상선 호르몬의 분비를 촉진시켜 모발 성장을 도와준다.

Chapter Ⅲ

퍼머넌트 웨이브의 원리

1. 모발의 결합
2. 퍼머넌트 웨이브제의 원리
3. 퍼머넌트 웨이브제의 종류

1. 모발의 결합

1) 주쇄결합(polypeptide)

두 개 이상의 아미노산 혹은 1종 시아의 펩티드기를 가진 화합물로 여기에서의 poly는 '많다'라는 의미를 가지고 있다. 폴리펩티드는 사슬 모양의 펩티드 결합으로 연결된 것으로 단백질과 같은 뜻으로 쓰기도 하나 보통 분자량이 작은 단백질을 가리킬 때 사용된다. 펩티드 결합한 아미노산의 수에 따라 2~10개 정도가 결합된 상태를 올리고펩티드(oligopeptide), 10~50개의 결합은 폴리펩티드(polypeptide)이며, 50개 이상 결합된 것을 단백질이라고 한다. 케라틴 단백질의 주사슬로 연결하기 위해서는 아미노산이 모여 폴리펩티드 결합을 이루고 있으며, 케라틴은 약 18종류의 아미노산이 펩티드결합을 순차적으로 반복해서 긴 쇄상이 된 폴리펩티드에 의해 구성되어 있다. 모든 아미노산은 아미노기(-NH_2)와 카르복실기(-COOH)를 가지고 있어 측쇄결합에 비해 결합력이 강하기 때문에 모발이 가로보다는 세로로 더 쉽게 끊어진다.

2) 측쇄결합(side bond)

(1) 이온결합(ionic bond, 염결합 : salt bond)

양이온과 음이온이 정전기 인력으로 결합하여 생기는 화학결합으로 산성 아미노산의 잔기로 남아 있는 카르복실기와 염기성아미노산의 잔기인 아미노기의 이온결합이다. 리신(lysine)의 잔기인 암모니움 이온과 아스파라트산(aspartic acid)의 잔기인 카르복실 이온과의 결합을 뜻한다. 모발은 pH 4.5~5.5의 등전점일 때 결합력이 강하고 케라틴은 가장 안정된 상태가 된다. 그러나 산성 또는 알칼리성 용액 사용으로 인하여 결합이 약해져 작은 힘으로도 늘어난다.

(2) 시스틴결합(disulfide bond, 황결합)

모발 구성의 15~18%를 차지하는 시스틴(cystine)의 황과의 결합으로 시스테인 황 원자와 또 하나의 시스테인 황 원자 결합을 시스틴결합이라 한다. 시스틴결합은 이온결합과 수소결합에는 더 강하고 물이나 약산에도 쉽게 끊어지지 않지만 알칼리, 환원제 등의 화학반응에 의해 쉽게 절단된다. 즉, 물리적으로는 견고하지만 화학적으로는 반응을 일으켜 절단시키거나 재결합을 시킬 수 있는 특징이 있다. 환원제로 시스틴결합을 절단시키고, 산화제로 다시 결합시킨다. 이러한 화학적 성질을 이용한 미용시술이 퍼머넌트 웨이브이다.

(3) 수소결합(hydrogen bond)

2개의 원자 사이에 수소원자가 들어감으로써 생기는 화학결합으로 물에 쉽게 절단되지만 건조되면 재결합된다.

두 원자 간의 전기음성도 차이가 크게 나면 양전하(+)와 음전하(-)사이에 정전기적 인력이 크게 작용하여 분자 간에 수소결합이 형성된다. 그러나 수소결합은 화학결합보다는 분자간의 힘이 훨씬 약하다.

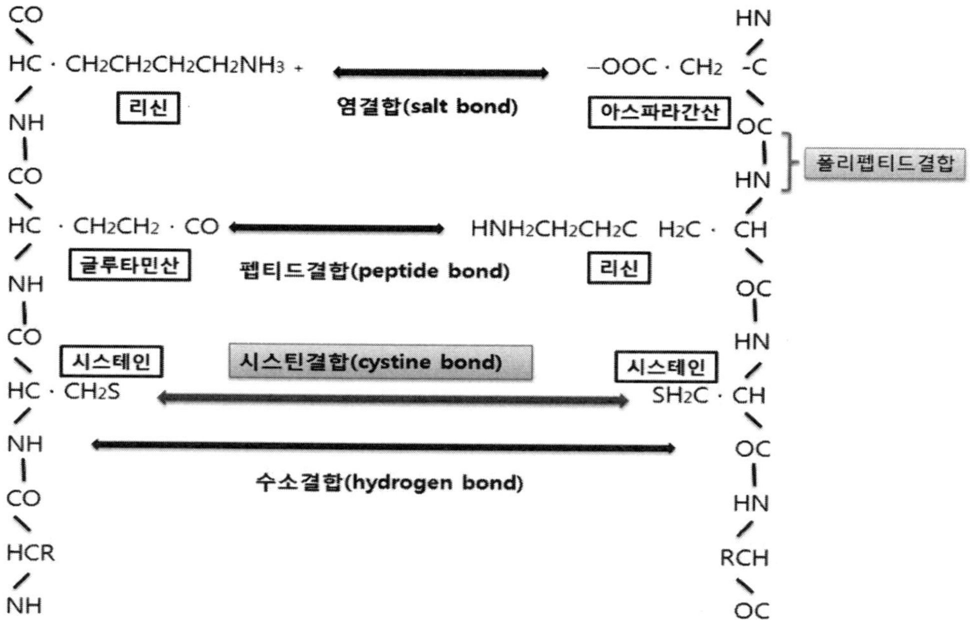

모발의 결합

2. 퍼머넌트 웨이브의 원리

모발은 모표피, 모피질, 모수질 3개의 층으로 이루어져 있으며, 모발의 주성분인 단백질은 케라틴(ceratin)으로 18종의 아미노산으로 구성되어 펩티드 결합에 의해 강하게 결합하여 폴리펩티드 쇠사슬로 길게 연결되어 있다. 측쇄결합 중 가장 강한 시스틴 결합이 퍼머넌트를 형성시키는데 중요한 역할을 한다.

시스틴 결합은 단단하고 안정된 구조로 케라틴을 형성하고 있는 아미노산중에서 황의 함유항이 가장 많으며 물, 알코올, 약산 등에는 강한 저항력을 가지나 알칼리성 물질에는 약하여 변성되는 성질을 가지고 있다. 모발의 자연 상태에서 물리적, 화학적 방법을 가하여 모발의 구조와 형태를 변화시켜 오랫동안 지속되도록 스트레이트 또는 웨이브를 형성시키는 것을 헤어퍼머넌트의 원리라 한다.

1) 물리적 원리

모피질은 모발의 80~90%를 차지하고 있으며 폴리펩티드 결합으로 탄력성이 풍부한 경단백질로 되어 있다.

모발의 자연상태인 모발(α케라틴)을 잡아당겨 늘어난 상태의 모발을 β케라틴이라 한다. α케라틴이 β케라틴으로 변형되었을 때 가했던 힘을 제거하면 원래의 쇠사슬 구조인 α케라틴으로 되돌아오는 성질을 가지고 있다. 이러한 모발의 물리적인 성질을 이용하여 모발에 영구적인 웨이브를 형성한다.

2) 화학적 원리

모발에 퍼머넌트 웨이브를 형성시키기 위해 중요한 것은 여러 개의 측쇄결합 중에 가장 견고한 시스틴결합을 화학적으로 절단되어 시스테인으로 되며(환원작용), 산화제에 의해 다시 새로운 시스틴결합을 형성(산화작용)하여 웨이브를 고정한다. 시스틴 결합은 물, 알코올, 약산에는 비교적 강한 저항력을 가지고 있으나 알칼리성 물질에 대해서는 불안정한 상태도 절단되는 성질이 있다.

(1) 환원제에 의한 퍼머넌트 웨이브 원리

화학제품을 사용하여 모발의 물리적 성질을 지속적으로 만들어내는 것이 환원제(reducing agent, 펌 1제)이며, 주로 티오글리콜산($HS-CH_2-COOH$)과 시스테인(-SH)을 사용한다. 모발에 환원제를 도포하여 케라틴을 연화시키고 모발내의 시스틴결합(S-S)을 절단하는 과정이다. 즉, 시스틴결합은 티오글리콜산의 H와 결합하여 시스테인이 된다.

|- S - S -|	+ $2HSCH_2COOH$ →	|- SH HS -|	+ S $-CH_2COOH$ + S $-CH_2COOH$
Cystine bond	Thioglycolic acid(1제)	Cysteine	Dithioglycolic acid

환원작용

(2) 산화제에 의한 퍼머넌트 웨이브 원리

산화제(oxidant)는 중화제(neutralizer)라고도 하며, 브롬산나트륨($NaBrO_3$), 브롬산칼륨($KBrO_3$), 과산화수소(H_2O_2)를 주성분으로 주로 사용하며, 2제의 산화작용은 2개의 시스테인 잔기(-SH · HS-)로 절단된 분자상태에서 2제의 물(H_2O)의 1분자를 제외한 산소(O)와 시스테인의 수소(H)가 결합하여 시스틴을 재형성 한다.

|- SH - SH -|	+	$NaBrO_3$ →	|- S - S -|	+	H_2O
		H_2O_2			
Cysteine		Oxidant(2제)	2제의 산소와 반응하여 시스틴결합		

산화작용

(3) 환원·산화 작용

모발 케라틴의 시스틴 결합(-S-S-)은 퍼머넌트 웨이브의 형성에 직접적으로 관여하는 결합으로 케라틴이 구조적으로 단단하고 안정된 구조를 이루는데 중요한 역할을 한다. 하지만 알칼리성 용액에는 약한 성질이 있어 제 1액에 의해 모표피가 열리고, 모발이 팽윤 · 연화되어 로드의 모양대로 웨이브를 형성하기 쉬운 상태가 된다. 제 1액의 티오글리콜산이 단단한 시스틴 결합을 환원, 절단(-SH-HS-)시킴으로써 모발이 구부러지기 쉽도록 도와주고, 로드의 모양과 크기에 따라 모발의 당겨짐이 달라져 웨이브가 형성된다. 여기에 제 2액의 산화작용에 의해 구부러진 시스테인의 수소(H)와 산화제 중의 산소(O)가 만나 물(H_2O)을 만들고 가까운 측쇄에 있는 시스테인끼리는 재결합하여 새로운 시스틴(-S-S-)을 형성함으로써 영구적인 웨이브를 형성하게 된다.

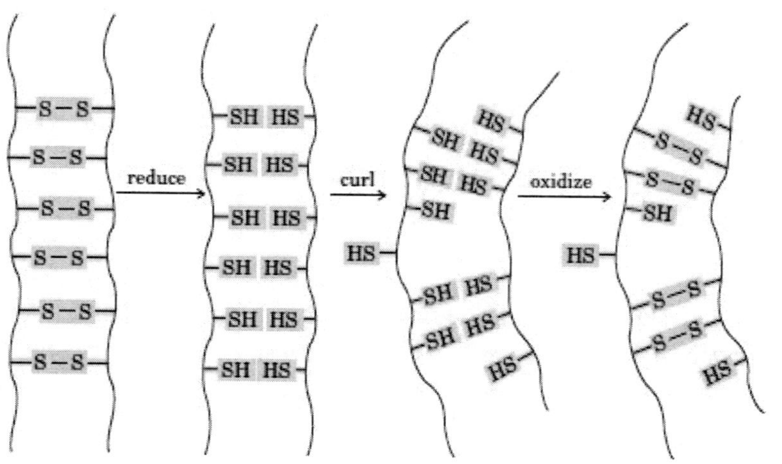

퍼머넌트 웨이브의 원리

3. 퍼머넌트 웨이브제의 종류

1) 환원제(reducing agent)

(1) 티오글리콜산(thioglycolic acid)

고구르라는 학자가 처음 발견한 화학물질로 시스틴결합을 끊을 수 있는 화학약품이다. 티오글리콜산 암모늄, 티오글리콜산 모노에탄올아민이 있지만 주로 티오글리콜산 암모늄이 사용되며, 무색의 액체로 특이한 냄새가 있고, 강한 환원작용에 의해 시스틴(cystine) 결합을 절단하는 역할을 한다. 하지만 공기 중에 노출 시 산소에 의해 디티오글리콜산(dithioglycolic acid)이 되고 이로 인해 환원작용이 감소하므로 한번 사용하고 남은 용액을 다시 병속에 담는 일이 없도록 하며 보관 시 용기를 밀폐해서 냉암소에 보관한다. 티오글리콜산은 철(Fe)이나 구리(Cu) 등의 금속과 반응하여 산화되기 쉬우므로 금속용기나 기구를 사용하지 않는다. 또한 두피에 닿게 되면 피부염이나 탈모의 원인이 될 수 있으므로 사용 시 주의한다.

(2) 시스테인(cysteine)

모발이나 새의 깃털에서 추출한 시스틴에 수소를 첨가하여 환원시킨 시스테인은 티오글리콜산에 비해 환원력이 낮아 웨이브 형성력이 20~30% 정도 약하다. 자극적인 냄새가 적고 모발에 대한 친화력이 있어 모발에 남아 있어도 모발을 손상시키지 않으며 안정성이 높아 손상된 모발에 효과적이나 가격이 비싸다. 하지만 티오글리콜산에 비해 더 쉽게 산화되어 환원작용이 감소되므로 보관 시 주의가 필요하다.

(3) 산성(acid)

티오글리콜산을 주성분으로 하고, 암모니아 등의 알칼리제의 사용대신 계면활성제를 첨가하여 pH 4~6 정도로 모발의 pH에 가깝게 만든 용액이다. 산성 퍼머넌트 용액은 티오글리콜산에 비해 환원력이 10배 정도 떨어지므로 웨이브의 형성이 매우 약하지만 모발 손상이 적어 알칼리에 저항력이 약해진 염색모발, 탈색모발, 손상모 등에 시술하면 효과적이다.

(4) 알칼리제

알칼리제는 아민류, 중성염, 암모니아 용액을 사용한다. 퍼머넌트 용액에 알칼리 용액이 배합되어 있어 pH 8~9정도의 알칼리성을 띠고 있다. 알칼리제는 모발을 팽윤시켜 약액의 침투를 쉽게 한다. 알칼리에서는 1제의 주성분인 환원제의 효과를 증가시키고, 환원제의 종류와 알칼리제의 종류에 따라 모발의 팽윤도가 다르므로 웨이브의 형성력도 달라지게 된다.

2) 산화제(oxidant)

산화제는 산화작용, 정착작용, 중화작용을 하며, 주성분으로 브롬산나트륨($NaBrO_3$), 브롬산칼륨($KBrO_3$), 과산화수소(H_2O_2)를 주로 사용한다. 브롬산염류는 백색의 결정성 분말로 무색에 냄새가 없으며, 상온에서 물에 잘 녹기 때문에 진한 수용액이 만들어지므로 처리시간을 단축시킬 수 있다. 과산화수소는 강력한 산화력으로 짧은 시간에 웨이브가 형성되나 표백 및 살균작용이 있어 사용농도가 높거나 방치시간이 길어지면 모발이 탈색될 수 있다.

3) 첨가제

(1) 침투제

퍼머넌트 시술 시 약액의 침투를 원활하게하기 위하여 가해지는 침투제로 계면활성제를 사용한다. 계면활성제는 액체의 표면장력을 작게 하는 작용이 있고, 분자구조 내에 친수기와 친유기를 갖고 있다. 계면활성제가 물에 용해되면 친수기, 친유기 중 나타내는 이온성에 따라 음이온계면활성제, 양이온계면활성제, 양쪽성이온계면활성제, 비이온계면활성제 4종류로 분류한다.

(2) 안정제

환원제는 금속 및 알칼리에 쉽게 산화된다. 이를 방지하기 위해 금속이온봉쇄제인 킬레이트제를 안정제로 첨가하여 사용한다. 킬레이트제는 금속을 감싸고 있어 환원제 등과 반응하지 않도록 봉쇄한다.

(3) 습윤제

퍼머넌트 시술 시 모발을 촉촉한 상태로 유지할 수 있도록 습기를 주어 모발 건조를 막기 위하여 사용한다. 글리세린, 솔비톨, 프로필렌글리콜 등 습윤작용이 있는 성분을 첨가하여 사용하고 있다.

(4) 모발 보호제

퍼머넌트 시술 시 모발에 영양분은 공급하여 퍼머넌트 용액으로부터 모발을 보호하기 위하여 사용되며, 지방성분인 야자수, 스쿠알렌, 올리브유 등을 첨가하여 사용한다.

(5) 유화제

모발 보호제는 모발을 보호하기 위하여 지방성분이 첨가된다. 이러한 성분들은 물에 용해시키기 어렵다. 물에 용해가 어려운 성분을 용해시키고 분산시켜 주기 위하여 사용되는 성분이 유화제 또는 가용화제이다.

Chapter Ⅳ

퍼머넌트 웨이브 시술의 기초

1. 와인딩
2. 퍼머넌트 웨이브 시술 과정
3. 퍼머넌트 웨이브 시술 도구
4. 퍼머넌트 웨이브 시술 테크닉

1. 와인딩

와인딩(winding)의 사전적 의미는 '감겨지는, 감겨붙는' 등의 뜻을 가지고 있다. 퍼머넌트 웨이브에서의 와인딩은 모발을 로드에 감는 기법 또는 행위를 말하며 래핑(wrapping)이라고도 한다.

기본적인 와인딩 방법은 스파이럴식과 크로키놀식 와인딩이 있다. 스파이럴식 와인딩은 두피에서 시작하여 모발 끝으로 와인딩 하는 방법으로 강한 웨이브, 모근과 모발 끝이 일정한 웨이브가 형성되고 주로 긴 모발에 사용하는 방법이다. 크로키놀식 와인딩은 모발 끝에서 시작하여 두피 쪽으로 와인딩하는 방법으로 모발 끝에서 모근 쪽으로 웨이브가 점차 굵게 형성되고, 긴 머리에서 짧은 머리 등 다양하게 와인딩 할 수 있는 방법이다. 일반적으로 크로키놀식 와인딩은 베이스의 위치에 따라 가로와인딩(안마름 말기)과 세워말기 방법이 있다.

1) 블로킹(blocking)

블로킹은 와인딩 시술을 쉽게하기 위해서 두발을 나누는 것을 의미하며, 와인딩 시술 시 사용할 로드의 적절한 배치와 손쉽게 시술하기 위해서 모발을 블로킹 한다. 블로킹의 형태는 디자인에 따른 와인딩 방법과 로드의 종류, 크기 등에 따라 다양하며, 기본 블로킹은 5등분(센터, 왼쪽, 오른쪽파트), 9등분, 10등분 등이 있다.

2) 슬라이스(slice)

블로킹 후 로드와 와인딩 방법에 따라 세밀하게 나누는 작업으로 모발의 질, 모발의 밀도, 로드의 크기 등에 따라 달라질 수 있으며, 슬라이스의 모양과 방향은 다양한 디자인을 연출 할 수 있는 중요한 요소로 수평, 수직, 사선 등으로 나누어 헤어스타일을 연출 한다.

3) 빗질하기

블로킹을 나눈 후 꼬리빗을 이용하여 로드의 직경만큼 슬라이스 한 후 꼬리빗으로 모발을 정돈하고 균일한 웨이브를 형성하기 위하여 두피에서 모발 끝 쪽으로 고르게 빗질한다. 이때 꼬리빗이 두피를 자극하지 않도록 주의한다.

4) 베이스(base)

퍼머넌트 웨이브 시술 시 베이스는 와인딩의 구성요소 중 하나이며, 베이스의 크기는 로드의 직경만큼 잡는 것이 일정한 웨이브의 흐름을 얻을 수 있으나 모질의 상태나 로드의 굵기와 모발의 길이에 따라 정하기도 하고, 디자인에 따라 베이스의 위치와 스트랜드 각도에 따라 달라질 수 있다. 스트랜드 각도에 따라 컬의 형태와 모근의 볼륨정도가 달라지며, 두피에 대한 각도에 따른 베이스는 온 베이스(on base), 하프 오프 베이스(half-off base), 오프 베이스(off base)로 나눌 수 있다.

1) 온 베이스(on base)

로드 직경만큼 슬라이스 한 후 스트랜드의 시술 각도가 전방에서 45°이며, 후방에서는 120°의 시술각으로 와인딩하여 베이스에 놓인 형태이다. 볼륨이 가장 많이 형성되며 논 스템 컬이 형성된다.

2) 하프 오프 베이스(half-off base)

로드의 직경만큼 슬라이스 한 후 스트랜드의 각도가 90° 시술각에서 와인딩하며, 로드의 위치가 베이스 1/2에 놓인 상태이다. 퍼머넌트 웨이브 시술 시 가장 많이 사용되는 시술각도도 이며 하프 스템 컬이 형성된다.

3) 오프 베이스(off base)

로드의 직경만큼 슬라이스 한 후 스트랜드 시술 각도가 후방 45°에서 와인딩하여 로드의 위치가 베이스 밖에 놓인 형태이다. 볼륨감은 거의 없어 주로 네이프에 사용된다.

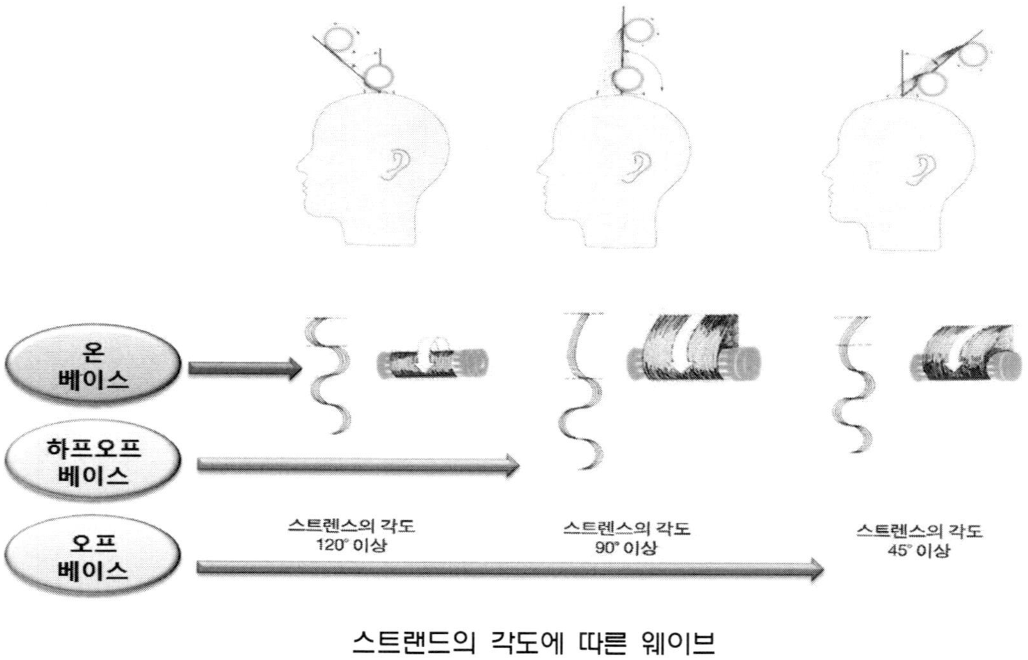

스트랜드의 각도에 따른 웨이브

2. 퍼머넌트 웨이브 시술 과정

1) 모발 진단

시진, 촉진, 문진 등을 통하여 진단 한 후 모발 진단기를 사용하여 정확하게 재확인하여 두피에 대한 특정 알레르기 또는 질환이 있는지를 확인한다. 모발은 손상정도가 어느 정도인지 파악한다. 또한 염색, 코팅, 펌 등의 시술 여부도 판단하여야 한다. 고객이 원하는 디자인에 따라 사전 커트를 한 후 샴푸하여 로드와 펌 제를 선정한다.

2) 환원제 도포

환원제 도포는 두피에 묻지 않게 모발에만 도포하여야 하며 디자인에 따라 블로킹을 한다.

3) 와인딩

모발을 빗질하여 정돈 된 상태에서 디자인과 로드에 따라 와인딩 방법을 선택하여 와인딩 한다. 전체적으로 균일한 웨이브를 얻기 위해서 텐션(tension)을 조절하여 너무 약하거나 강하지 않게 주의 하면서 와인딩하고, 고무밴드는 자국이 남지 않도록 강하게 하지 않도록 한다.

4) 방치시간(processing time)

모발을 와인딩 한 후 환원제를 재 도포하여 비닐 캡을 씌워준다. 방치시간은 모발을 와인딩하여 산화제를 도포하기 전까지를 프로세싱타임(processing time)이라 하며, 프로세싱타임을 줄이기 위해서는 가온기를 사용한다. 프로세싱타임 10~20 전·후 환원작용이 잘 이루어졌는지를 테스트컬을 하여 프로세싱타임을 결정한다.

5) 산화제 도포

환원제에 의해 연화된 모발에 산화제를 도포하면 환원작용에 의해 절단된 시스틴 결합을 재결합시켜 웨이브를 고정하여 오랫동안 지속될 수 있도록 해준다.

산화제는 아래에서 위로 도포하며 산화제의 농도에 따라 1회 또는 2회로 나누어 도포해준다. 일반적으로 1회 도포 후 7~8분 정도 방치한 후 다시 한 번 균일하게 재 도포해준다.

6) 로드제거

산화제의 방치시간이지나면 로드를 풀고 모발의 등전점 pH4.5~5.5인 상태로 되돌리기 위해서 산성린스를 사용하여 헹군다. 이는 알칼리화된 모발을 중화시켜 약산성으로 만들어주기 위함이다. 깨끗이 헹구어 내지 않으며 모발에 잔류해 있는 약제로 인하여 모발이 거칠어지고 탈색이 될 수 있다.

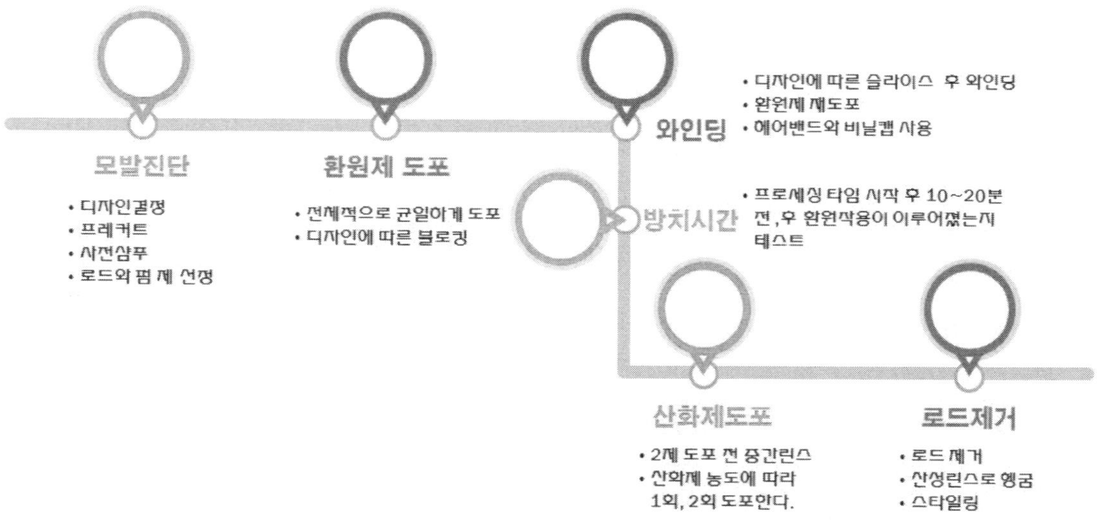

퍼머넌트 웨이브 시술 과정

3. 퍼머넌트 웨이브 시술 도구

1) 꼬리빗(rat tail comb)

퍼머넌트 웨이브 시술 시 와인딩을 쉽게 시술하기 위하여 사용되며, 재질은 부드럽고, 표면이 매끈하며, 빗살이 촘촘하며 일정한 것을 사용하는 것이 좋다. 끝이 너무 뾰족하거나 날카로운 것은 두피를 자극하여 상처를 낼 수 있으므로 주의한다.

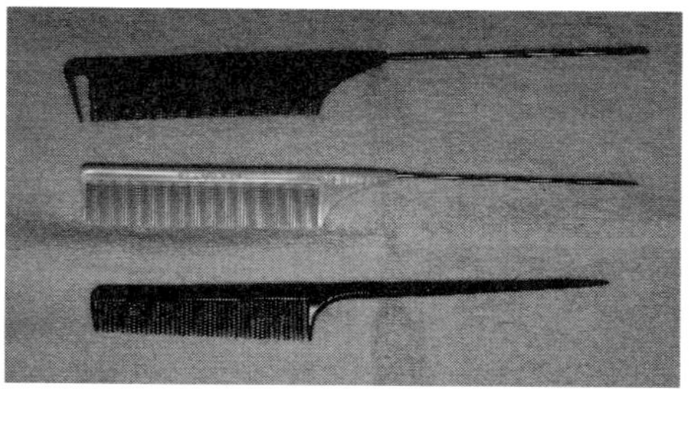

2) 엔드 페이퍼(end paper) 사용

엔드 페이퍼는 모발을 로드에 와인딩 할 때 모발 끝이 꺾인다거나 모발이 흐트러짐을 방지하여 보다 쉽게 와인딩 할 수 있는 편리함을 준다. 또한 환원제의 지나친 흡수를 막아 모발 손상을 방지해 준다. 모발의 길이가 일정하지 않을 경우에도 와인딩하기 쉽게 하며 컬과 웨이브가 고르고 매끄럽게 컬이 형성되도록 한다. 엔드 페이퍼는 모발이 로드에서 빠져 나오지 않으면서 와인딩 할 수 있도록 하며, 단면사용, 양면사용, 반으로 접어 사용하는 책갈피 방법 등을 사용한다.

(1) 단면 사용 방법

스트랜드 윗면에 엔드 페어퍼를 놓고 와인딩하는 방법으로 모발의 길이가 일정할 경우에 주로 사용하며, 주로 많이 사용되는 방법이다.

(2) 양면 사용 방법

스트랜드 윗면과 아랫면에 각각 엔드 페이퍼를 놓아 겹쳐지도록 하여 와인딩하는 방법으로 모발 끝이 지나치게 손상되었거나 모발의 길이의 차이가 심할 때 사용한다. 특히, 세팅 퍼머넌트와 디지털 퍼머넌트와 같은 열기구 이용 시 사용한다.

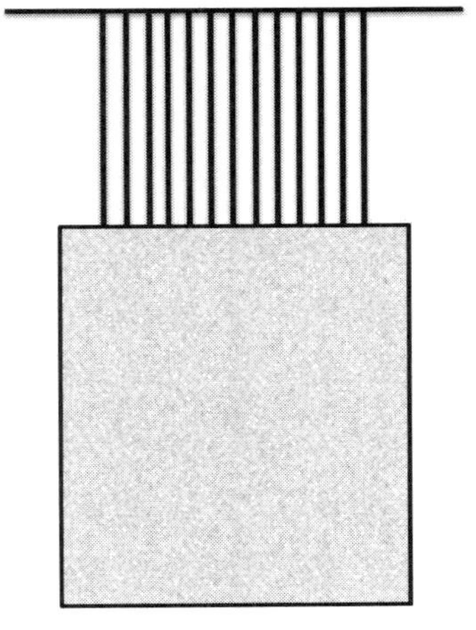

엔드 페이퍼 단면 사용방법

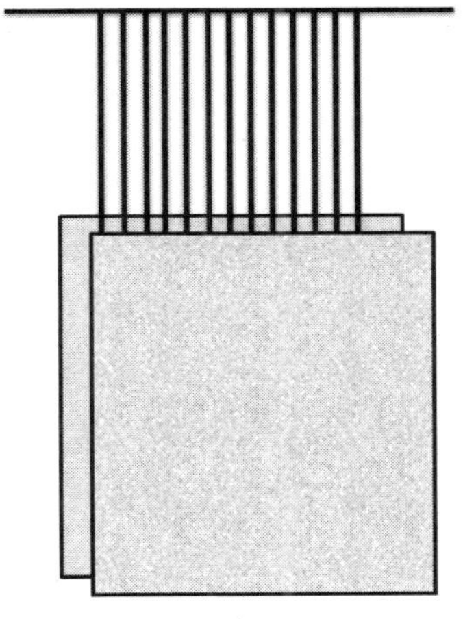

엔드 페이퍼 양면 사용방법

(3) 책갈피 사용 방법

엔드 페이퍼 하나를 반으로 접어 스트랜드를 감싸는 방법으로 모발을 작은 섹션으로 시술 할 경우와 세로 섹션으로 스파이럴식 와인딩을 시술 할 경우에 주로 사용한다.

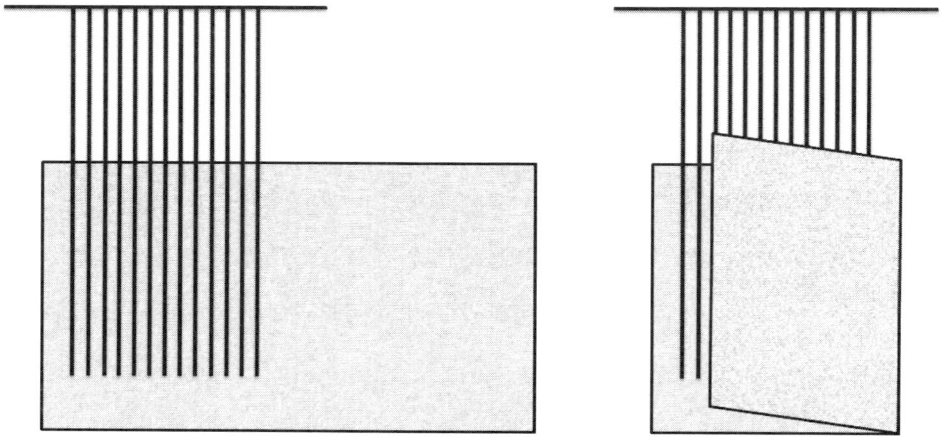

엔드 페이퍼 책갈피 방법

3) 로드(rod)

로드는 형태와 크기 및 재질이 다양하므로 로드에 따라 웨이브의 형태가 달라지기 때문에 스트랜드의 굵기와 길이에 맞는 로드를 선택하여 사용하여야 한다. 로드의 크기는 일반적으로 모발의 길이가 짧을수록 가는 로드를 사용하고, 길이가 길수록 굵은 로드를 사용한다. 즉, 로드의 굵기에 따라 퍼머넌트 후 헤어스타일의 형태가 달라지므로 고객이 원하는 스타일을 파악 후 로드 선정하여야 한다.

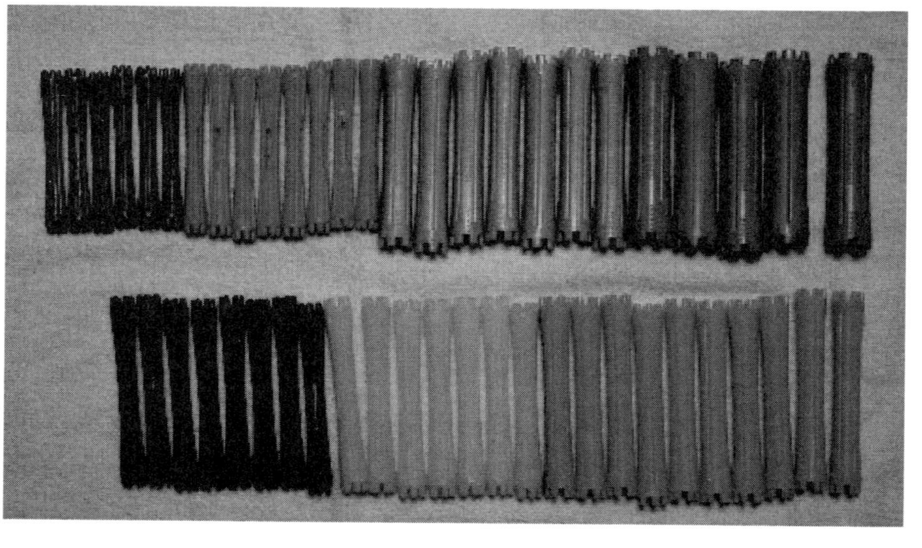

4) 밴딩(banding)

퍼머넌트 웨이브 시술 시 와인딩된 모발을 고정하는 역할로써 필수 요소 중 하나이며, 컬을 형성시키기 위한 가장 기초적이면서 중요한 부분이다. 밴딩 처리 시 모근에 자극을 주거나 잘못된 방법으로 적용 시 컬 형성이 되지 않거나 늘어지게 된다. 또한 로드의 좌우 같은 지점에 고정시킬 수 있도록 해야 한다. 이는 밴딩의 위치가 다를 경우 어느 한쪽에 텐션이 너무 많이 들어가거나 약하게 들어가 컬 형성이 원활이 되지 않을 수 있으며, 모발 손상의 원인이 될 수 있다. 밴딩 방법은 주로 고무줄을 이용한 방식으로 십일자형과 엑스자형 방법을 주로 많이 사용하는데 십일자형은 국가자격증 시험에 주로 사용되며, 엑스자형은 미용산업현장에서 주로 사용한다.

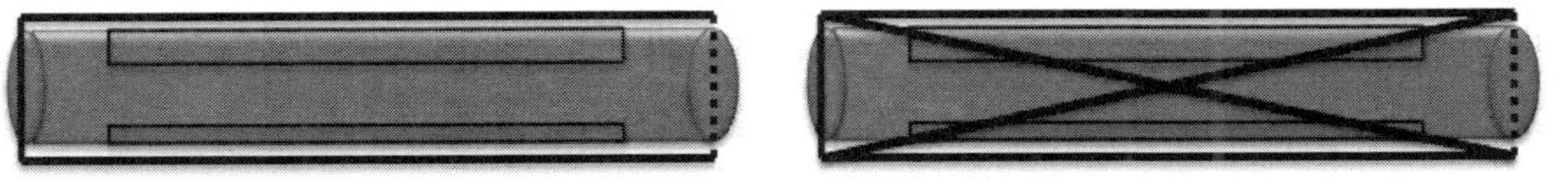

십일자형 밴딩 엑스자형 밴딩

4. 퍼머넌트 웨이브 시술 테크닉

1) 벤딩 처리 방법

(1)–1 십일자형

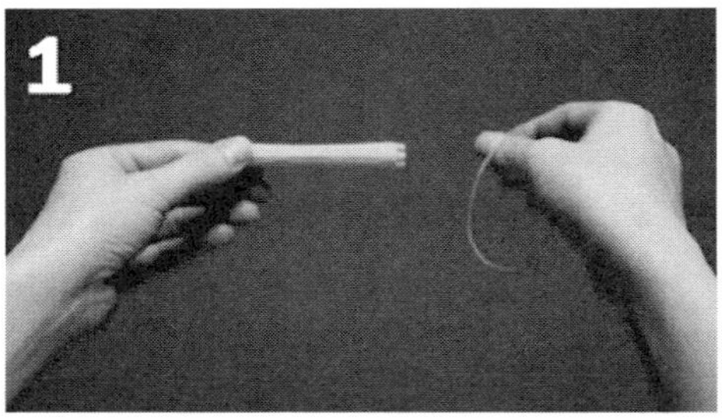

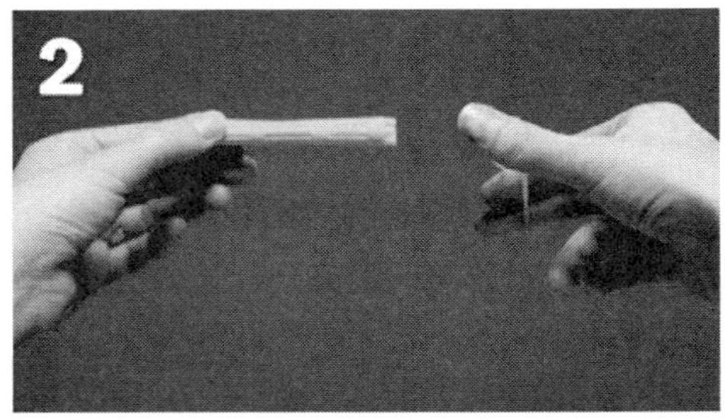

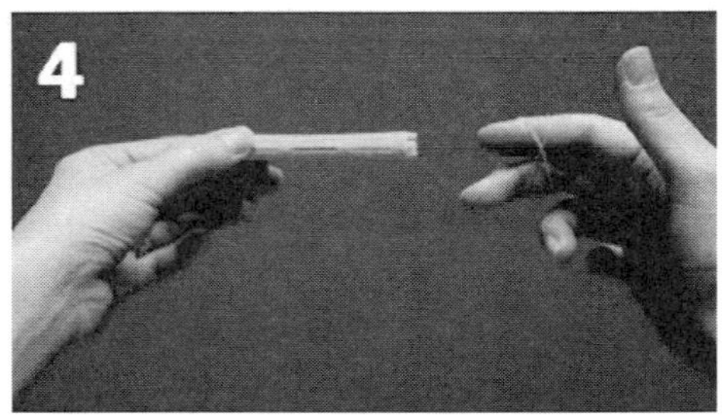

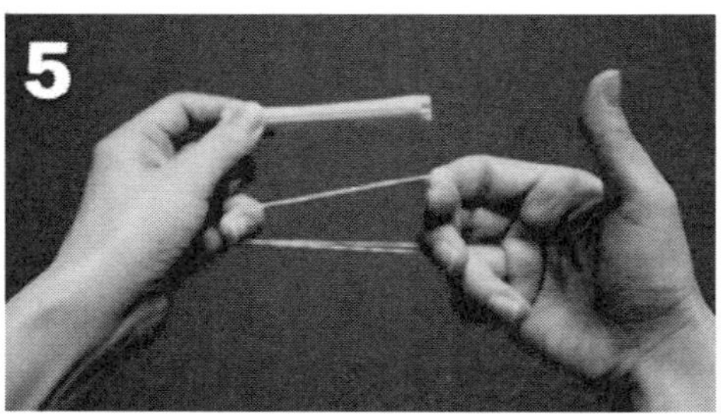

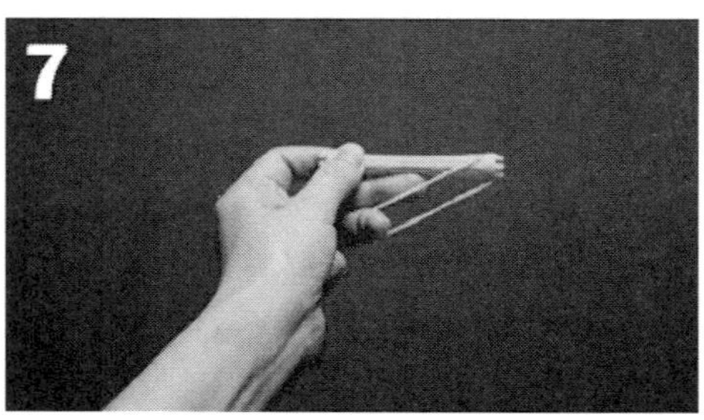

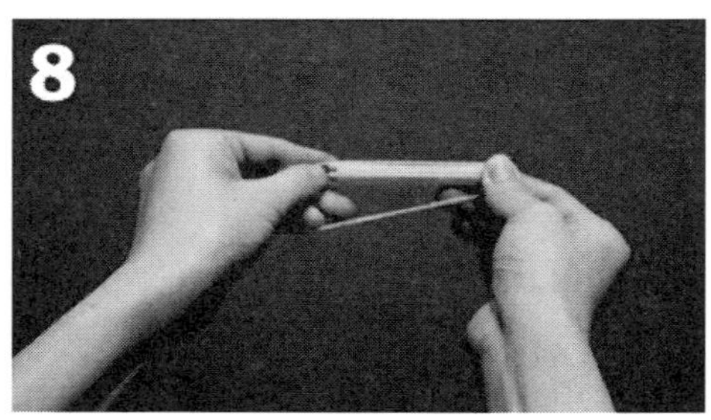

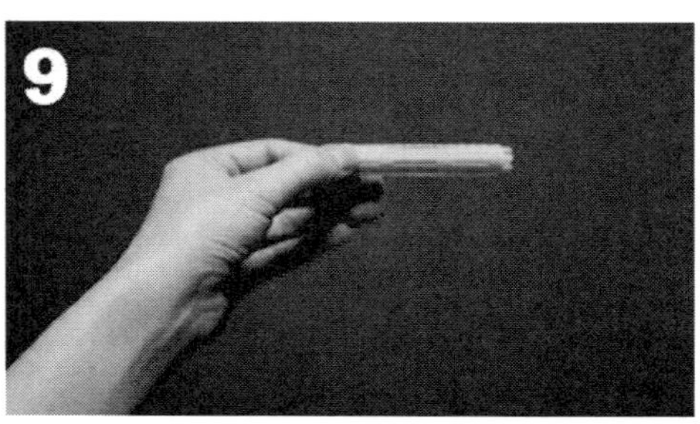

(1)-2 십일자형

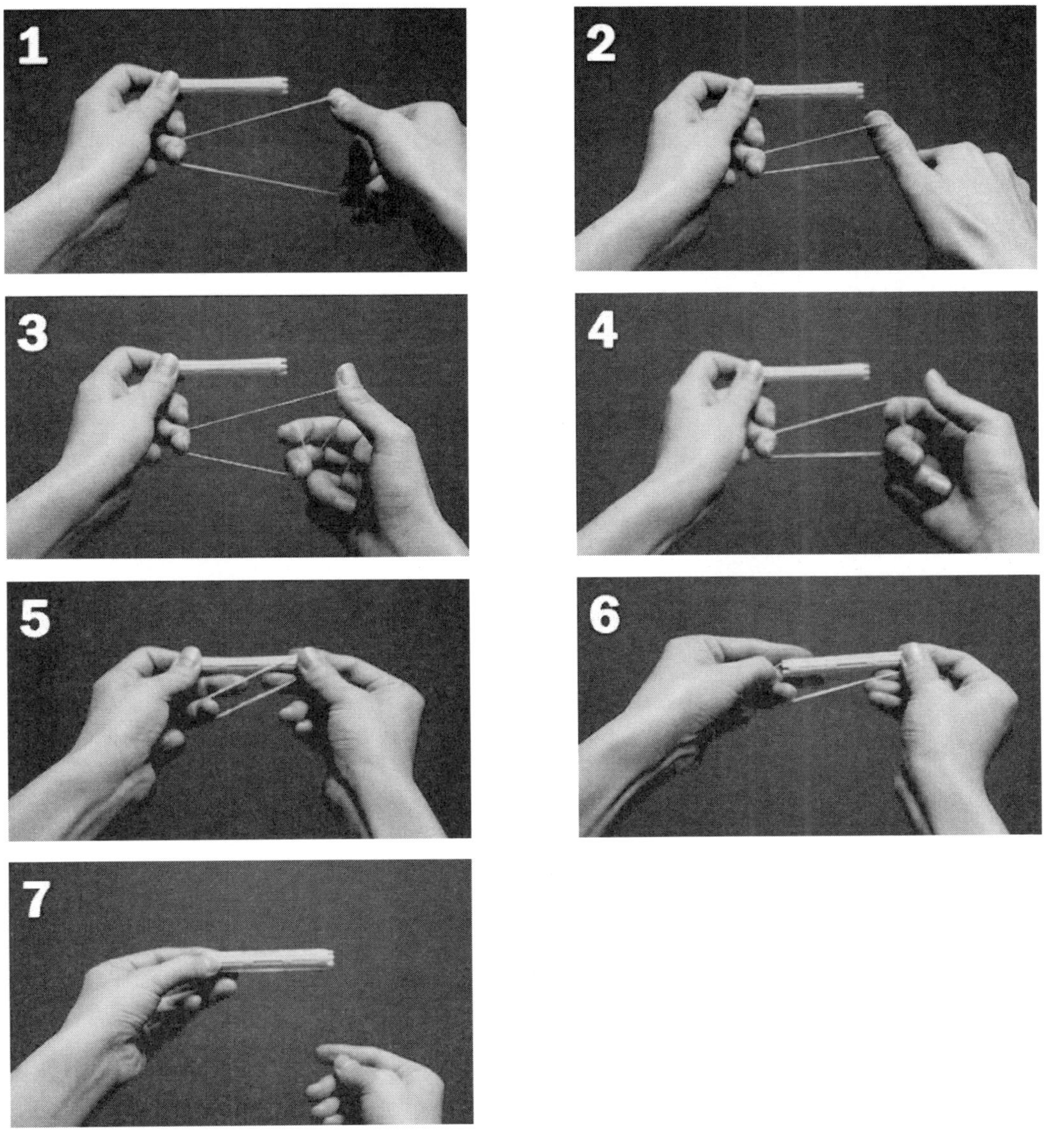

(2)-1 엑스자형

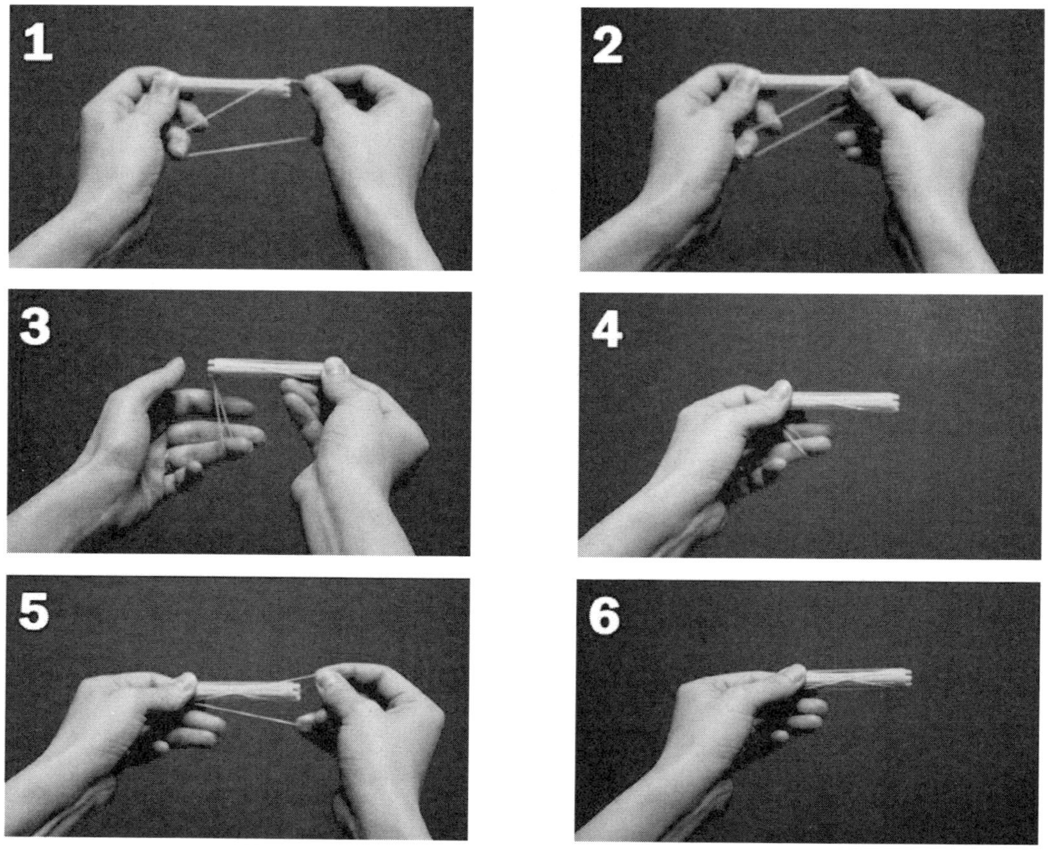

(2)-2 엑스자형

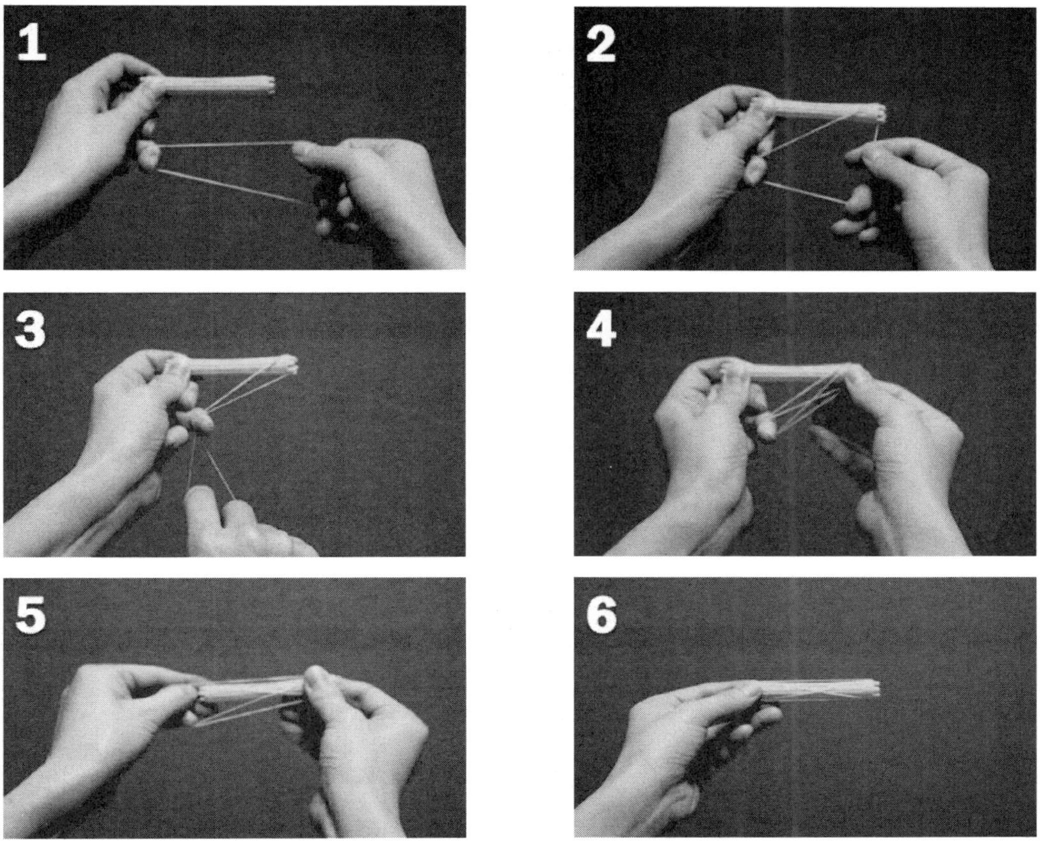

(2)-3 엑스자형

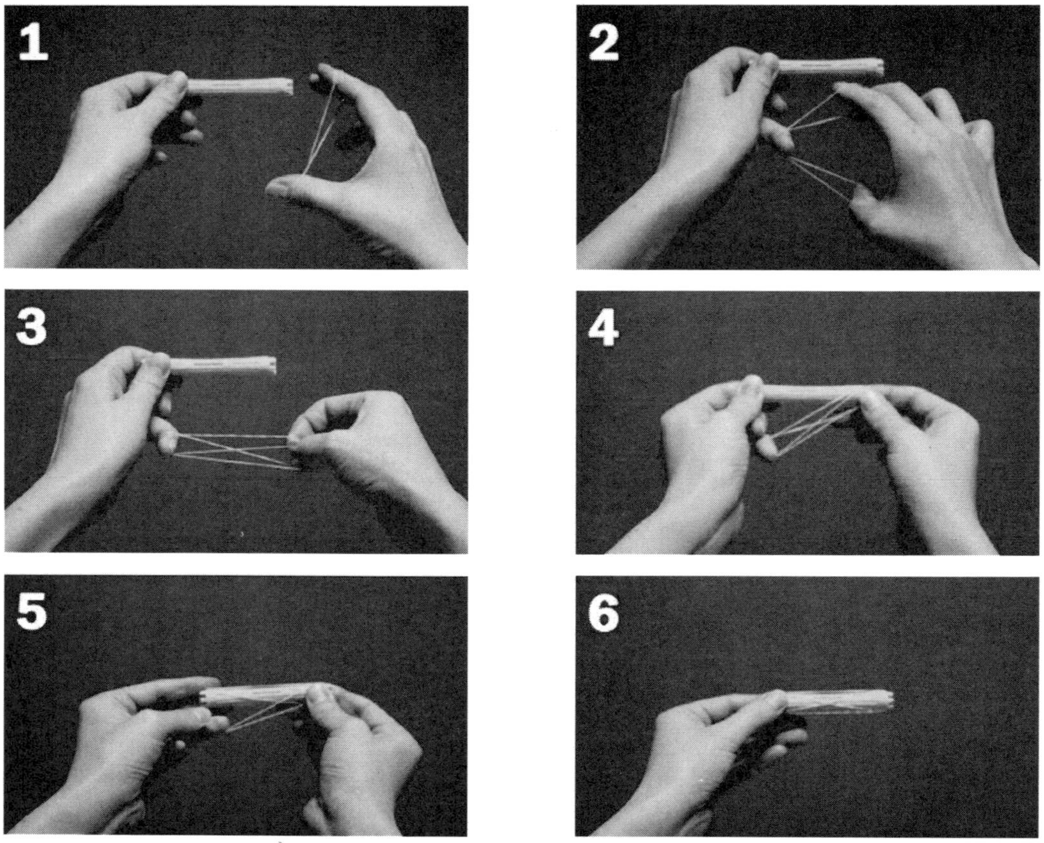

2) 엔드 페이퍼 사용방법

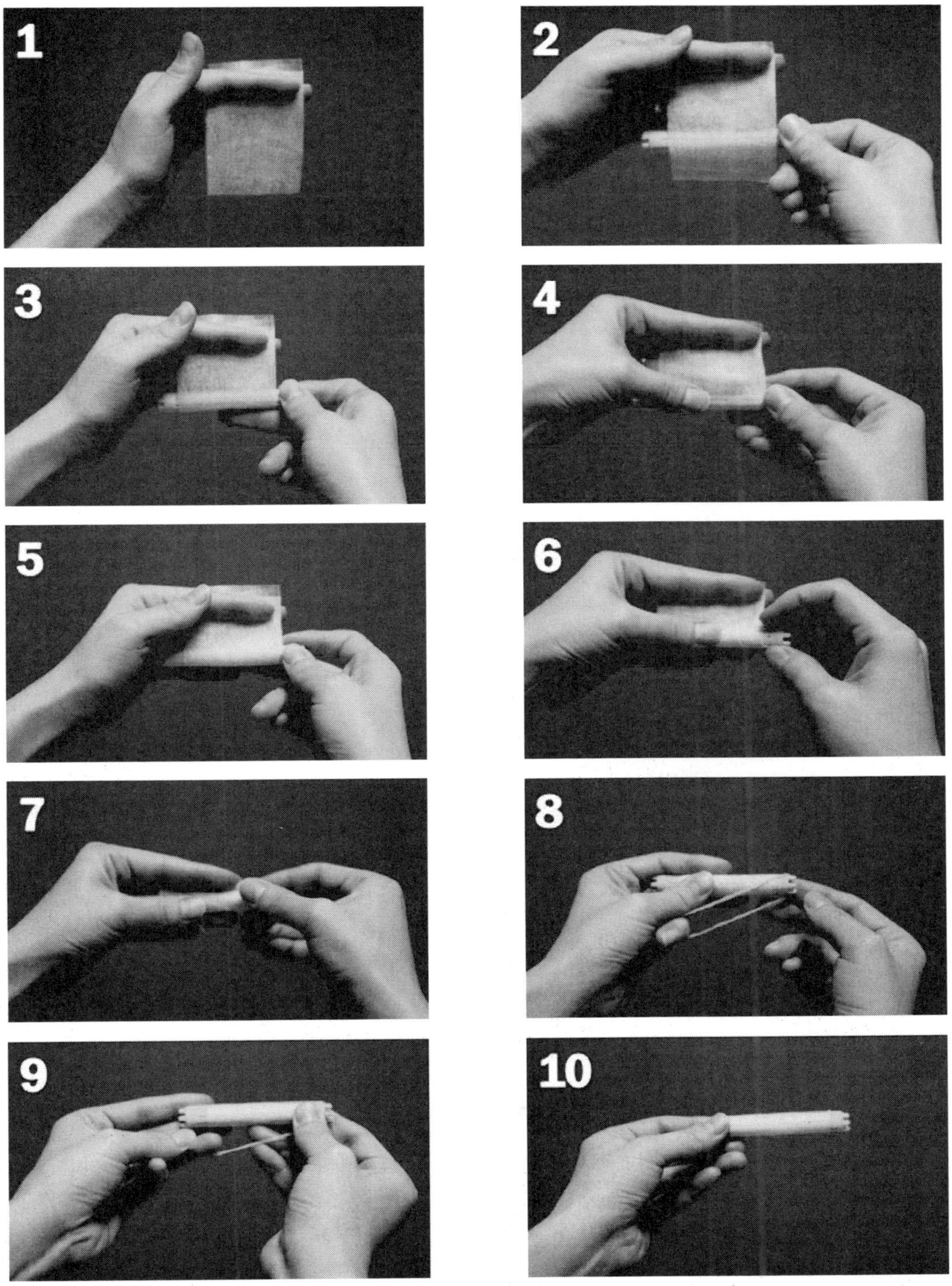

3) 와인딩 방법

정확한 각도를 유지하여 빗질한 후 모발 끝에 엔드 페이퍼를 대고 손을 교차하여 엔드페이퍼를 잡는다. 모발과 로드를 잡은 손은 움직이지 않게 고정하고 모발 끝이 꺾이지 않게 엔드 페이퍼와 로드에 텐션을 주며 와인딩 한다.

일반적으로 크로키롤식 와인딩을 할 때 수평(안마름)와인딩과 세워말기기 방법이 있다. 이는 각도에 따라 달리 하여 와인딩한다. 즉, 각도가 클수록 세워말기 방법을 사용한다.

(1) 가로 와인딩(안마름) 방법

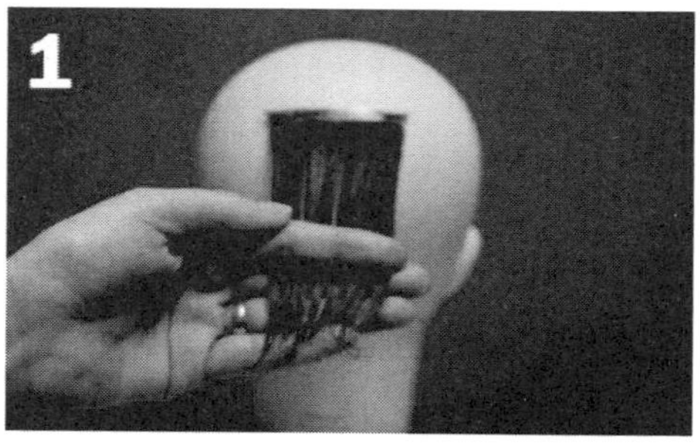

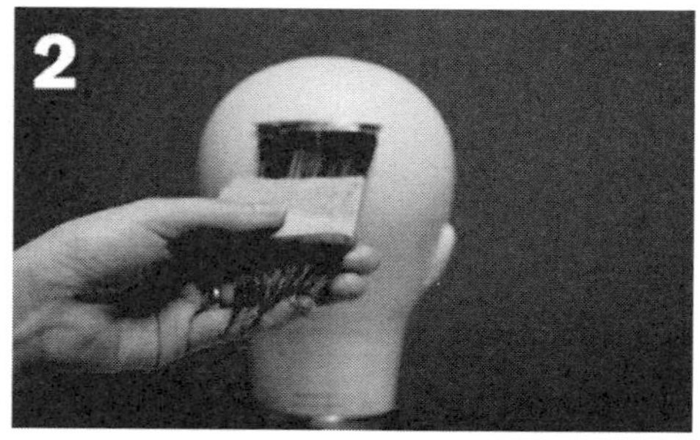

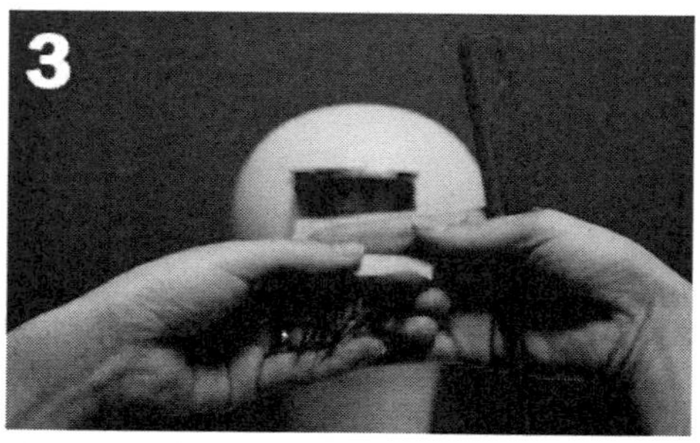

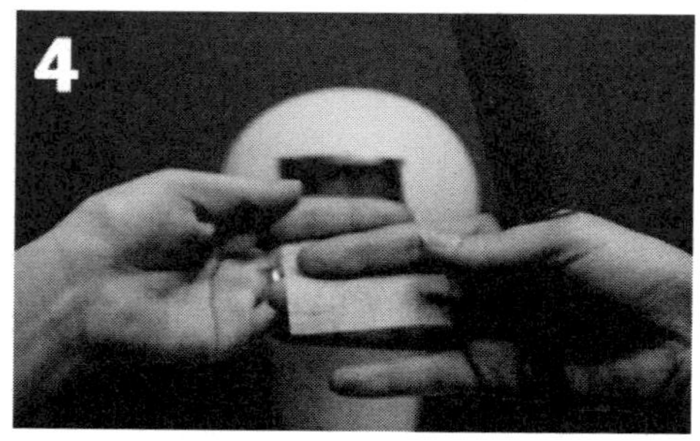

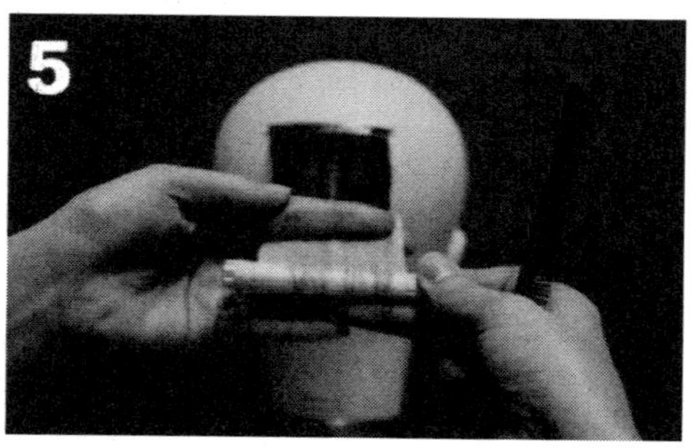

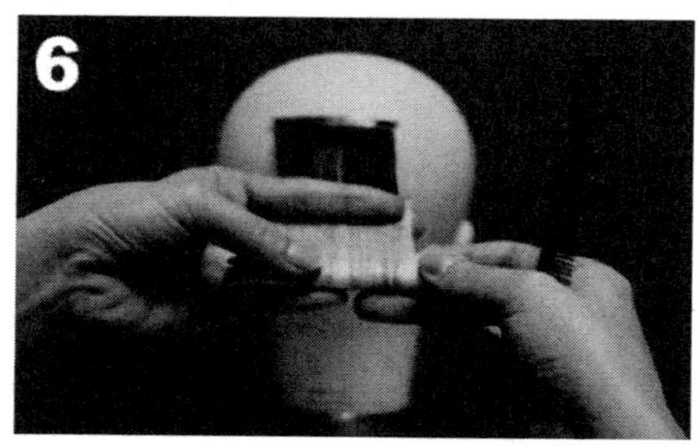

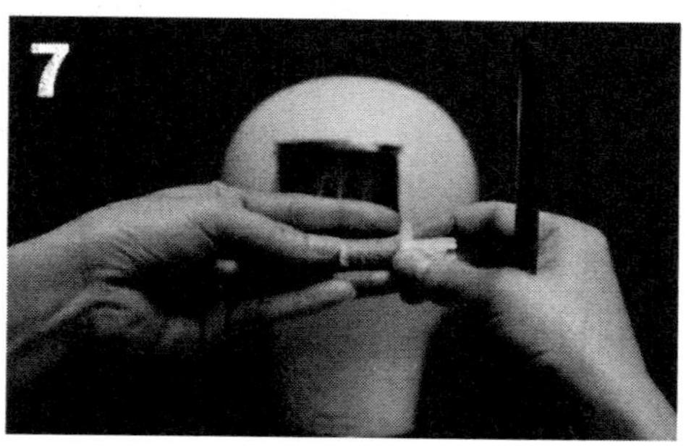

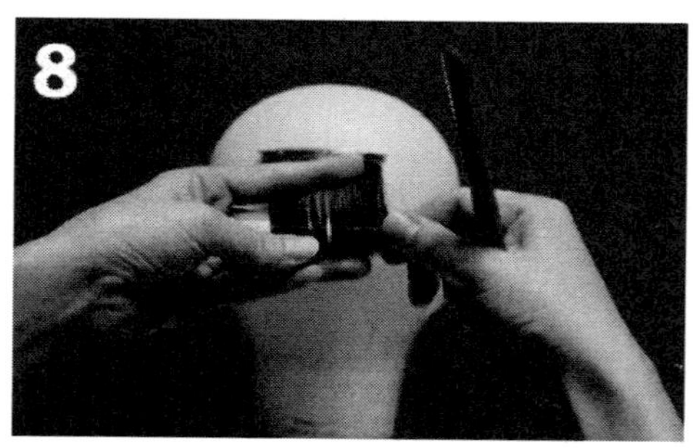

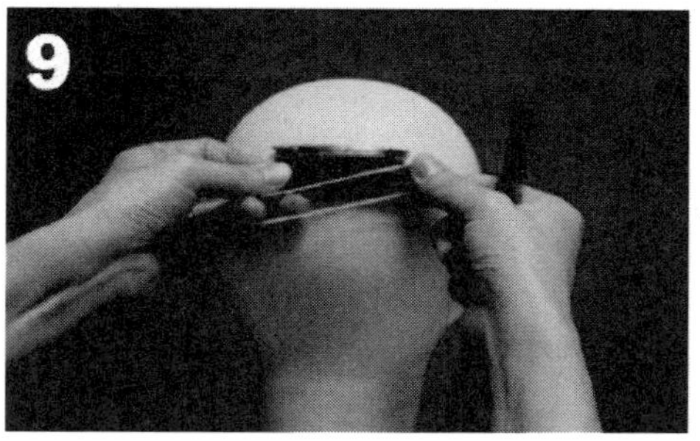

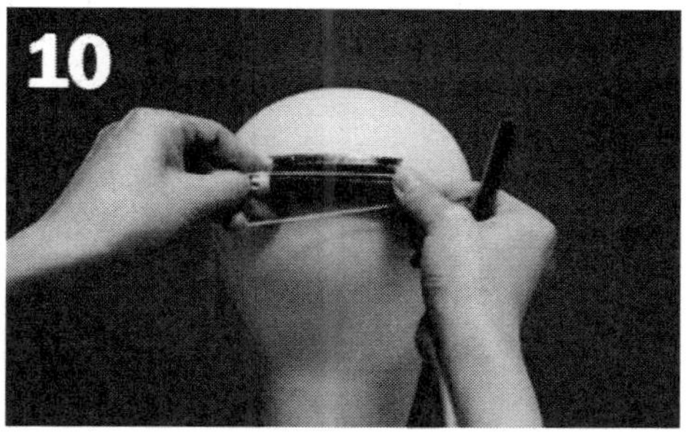

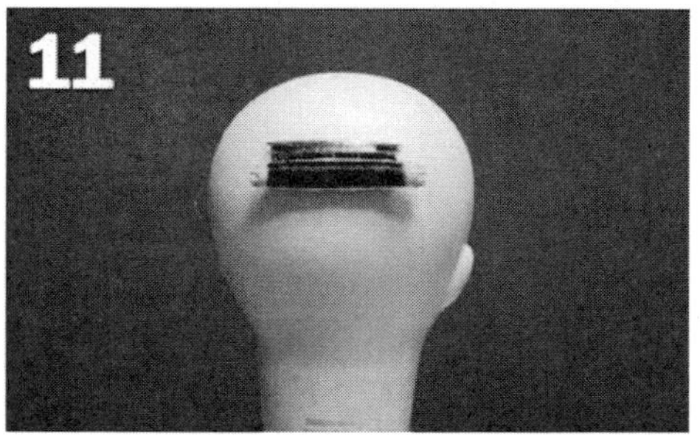

(2) 세워말기 와인딩 방법

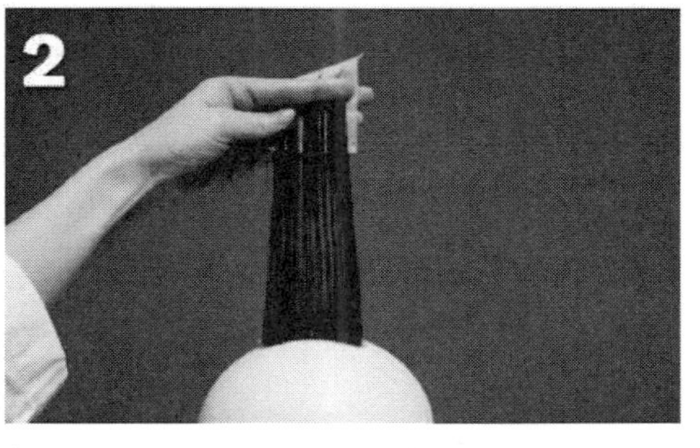

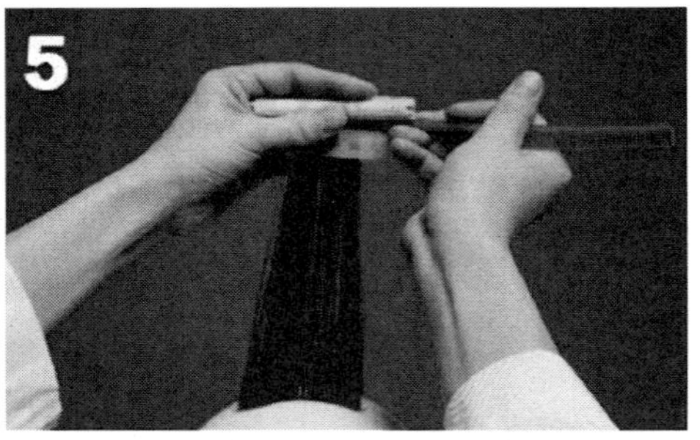
5

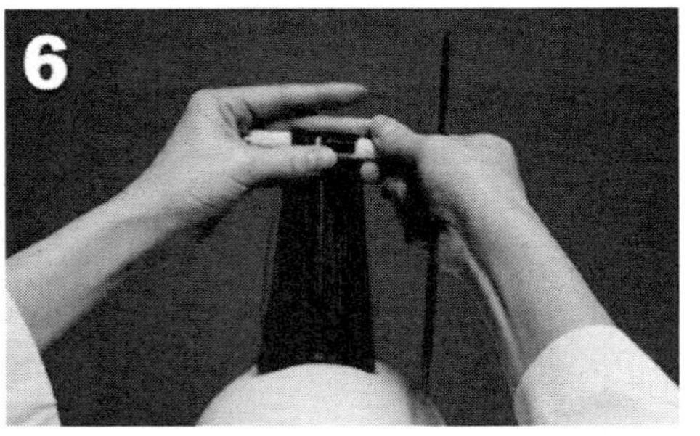
6

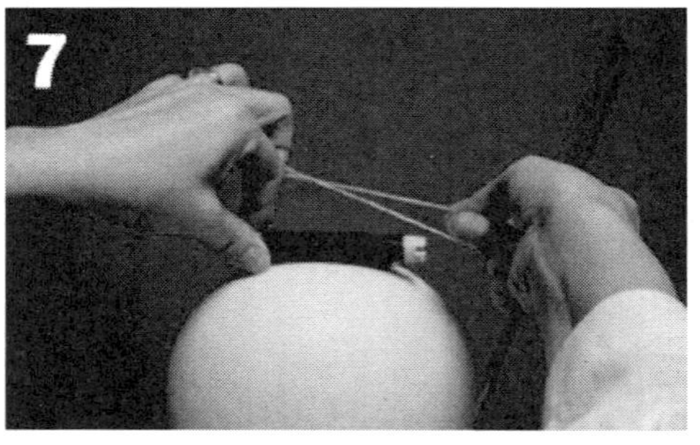
7

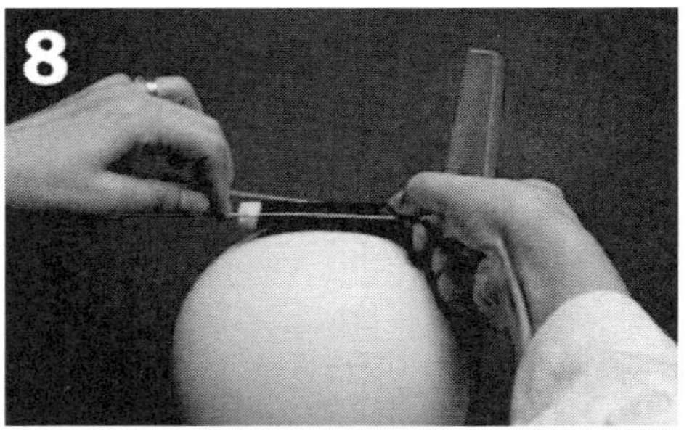
8

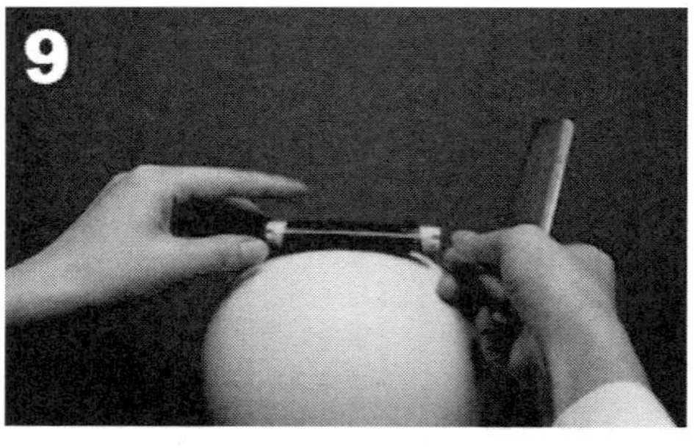
9

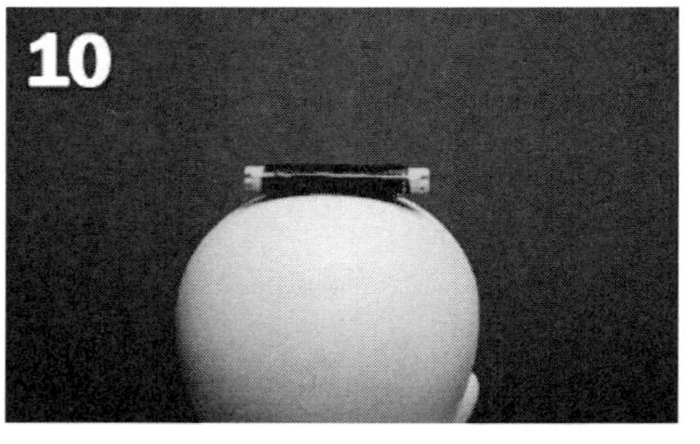
10

Chapter Ⅴ

베이직 퍼머넌트 웨이브 시술

1. 두상의 포인트
2. 베이직 퍼머넌트 웨이브 시술 과정

1. 두상의 포인트

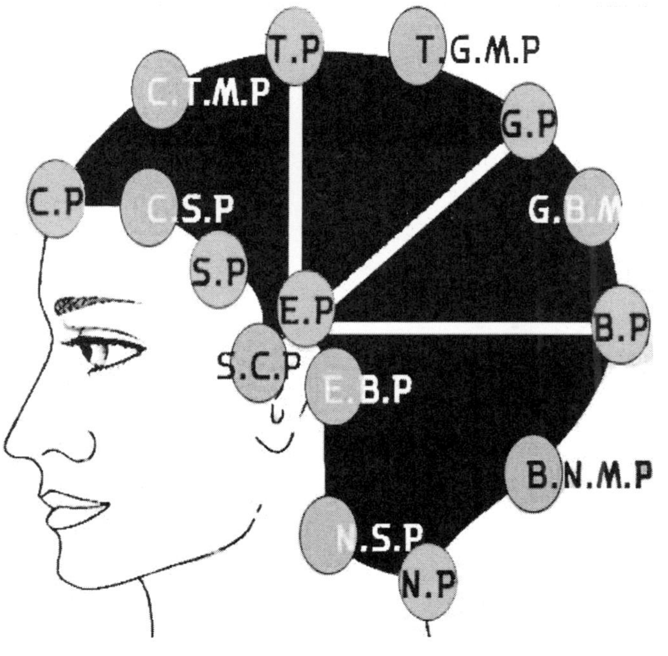

번호	기 호	명 칭
1	E.P	이어 포인트 (EAR POINT)
2	C.P	센터 포인트 (CENTER POINT)
3	T.P	톱 포인트 (TOP POINT)
4	G.P	골든 포인트 (GOLDEN POINT)
5	B.P	백 포인트 (BACK POINT)
6	N.P	네이프 포인트 (NAPE POINT)
7	F.S.P	프론트 사이드 포인트 (FRONT SIDE POINT)
8	S.P	사이드 포인트 (SIDE POINT)
9	S.C.P	사이드 코너 포인트 (SIDE CORNER POINT)
10	E.B.P	이어 백 포인트 (EAR BACK POINT)
11	N.S.P	네이프 사이드 포인트 (NAPE SIDE POINT)
12	C.T.M.P	센터 톱 미디엄 포인트 (CENTER TOP MEDIUM POINT)
13	T.G.M.P	톱 골든 미디엄 포인트 (TOP GOLDEN MEDIUM POINT)
14	G.B.M.P	골든 백 미디엄 포인트 (GOLDEN BACK MEDIUM POINT)
15	B.N.M.P	백 네이프 미디엄 포인트 (BACK NAPE MEDIUM POINT)

2. 베이직 퍼머넌트 웨이브 시술 과정

1) 10등분 와인딩 시술 과정

(1) 블로킹

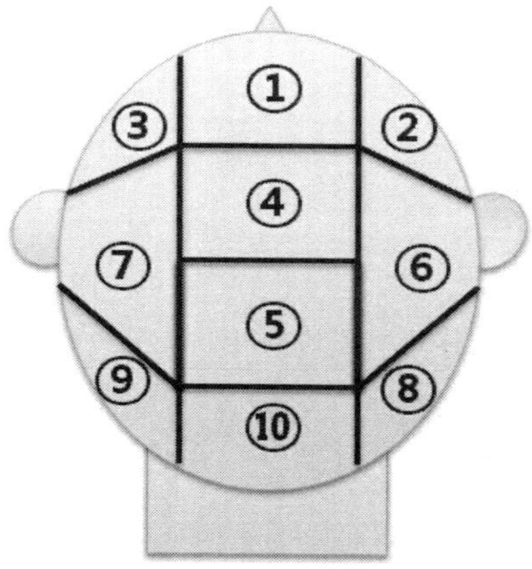

블로킹 순서

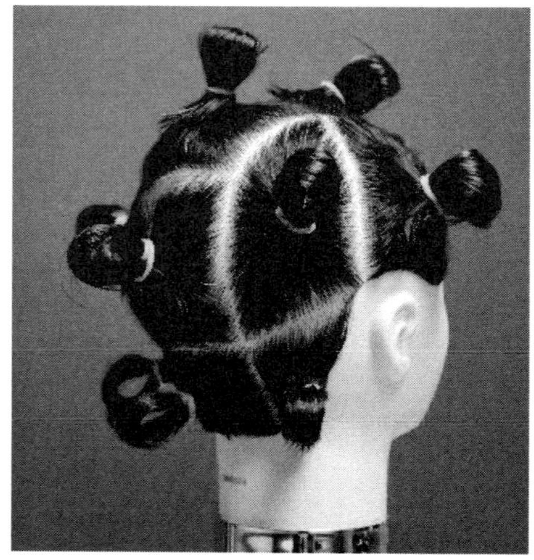

완성 블로킹

(2) 블로킹 시술 방법

1. C.P지점에서 오른쪽과 왼쪽 3.5cm 정도씩 나눠 T.P(7~8cm) 지점까지 연결하여 고무밴드로 묶어준다.

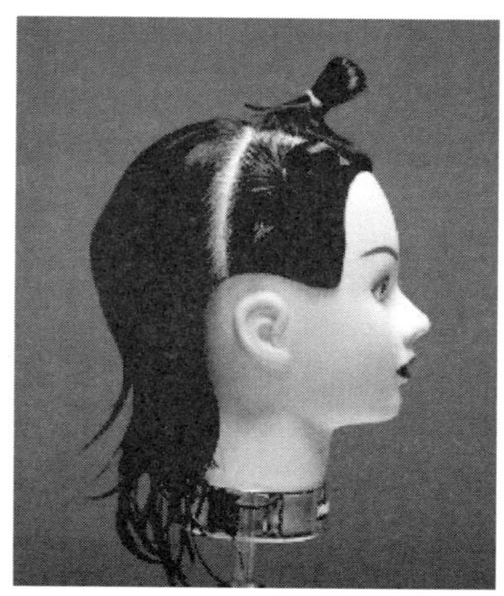

2. 오른쪽 사이드는 헤어라인을 따라 약간의 C자형으로 굴려 E.B.P지점에서 나눠 고무밴드로 묶어준다.

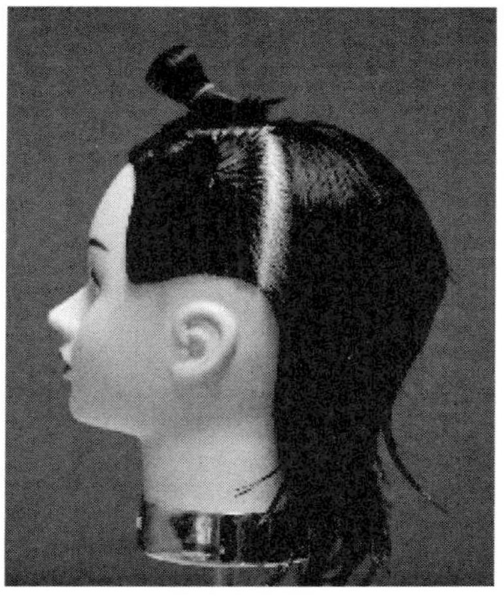

3. 오른쪽과 같은 방법으로 왼쪽도 묶어준다.

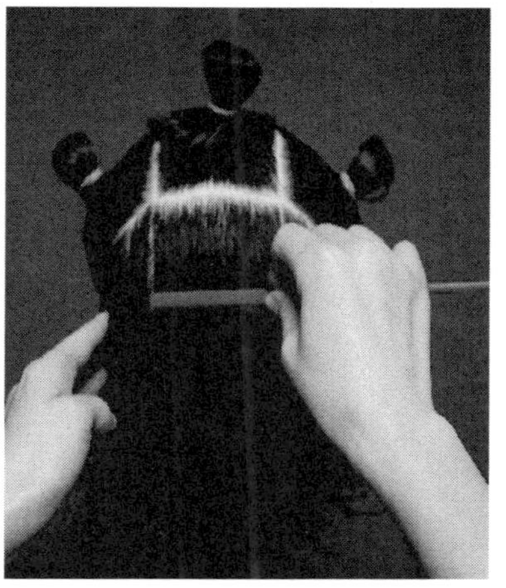

4. 탑과 연결하여 후두부 쪽으로 내려간다.

5. 탑과 연결하여 크라운 상단을 6.5cm정도 묶어준다.

6. 탑과 연결된 모습이다.

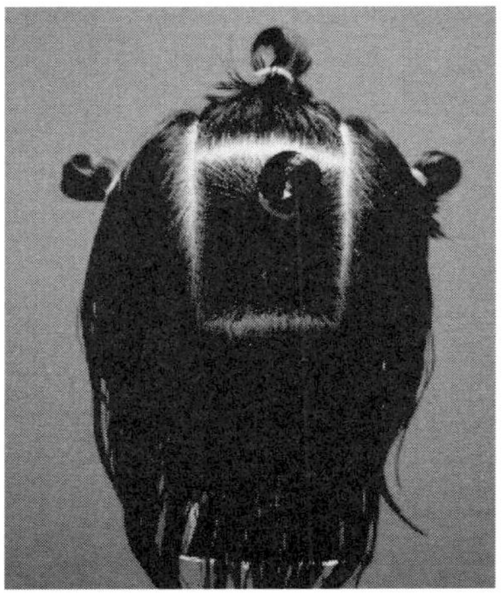

7. 크라운 상단과 연결하여 네이프 4cm를 남겨두고 크라운 하단을 고무밴드로 묶어준다.

8. 탑과 네이프 상단, 하단까지 연결하여 묶은 모습이다.

9. 오른쪽, 왼쪽 크라운 사이드는 크라운 하단과 E.S.P와 연결하여 고무밴드로 묶어준다.

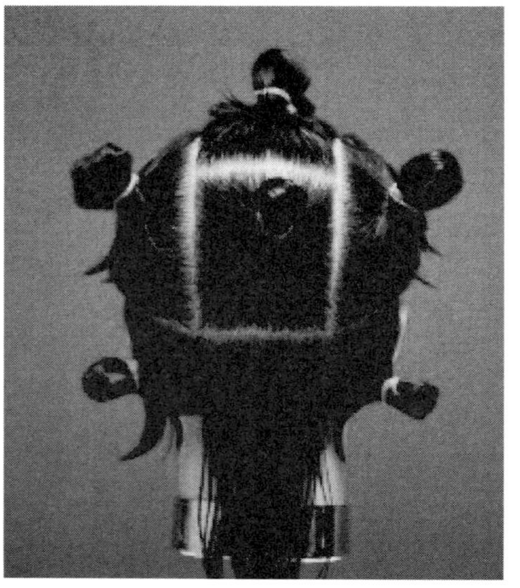

10. 오른쪽, 왼쪽 네이프는 남아 있는 모발을 고무 밴드로 묶어준다.

11. 네이프 중앙도 고무밴드로 묶어 준다.

12. 10등분 블로킹이 완성된 모습이다.

(3) 와인딩 시술 방법

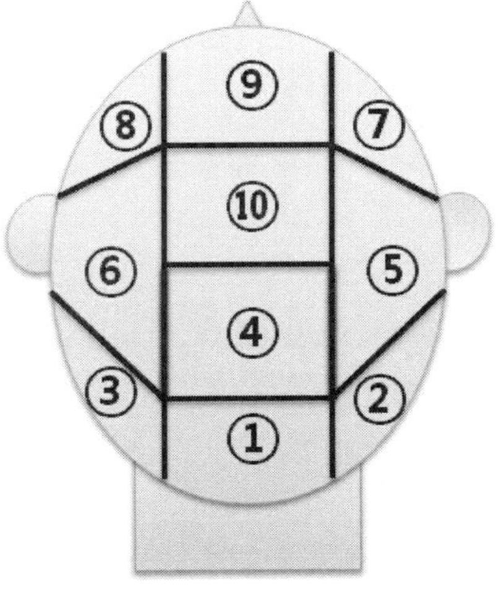

와인딩 시술 순서

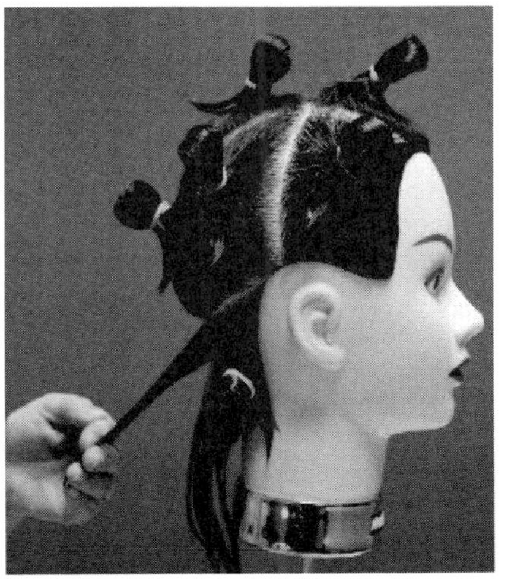

1. 네이프 중앙에서 와인딩을 시작한다. 이때 베이스는 하프 오프 베이스(90°)로 와인딩 한다.

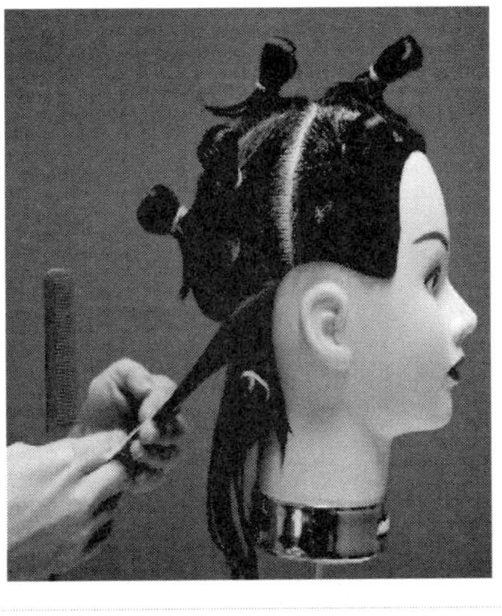

2. 각도를 유지하며 엔드 페이퍼를 모발과 함께 고정한다.

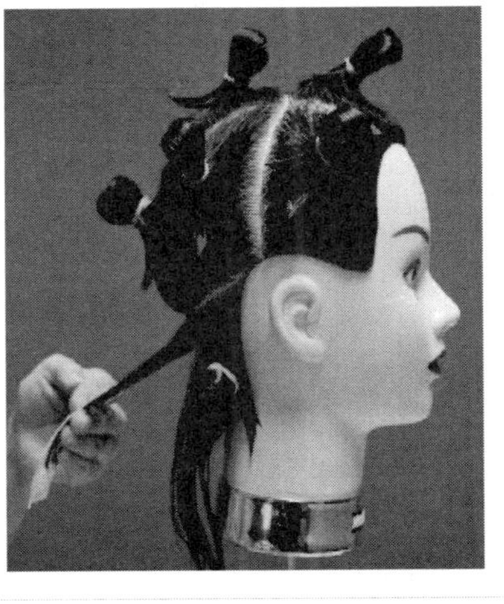

3. 엔드 페이퍼는 1/3 지점을 손으로 잡아주고 모발 끝도 1/3 지점에 위치하게 잡아준다.

4. 엔드 페이퍼와 로드를 고정한 후 로드는 9호를 선정하여 잡아준다.

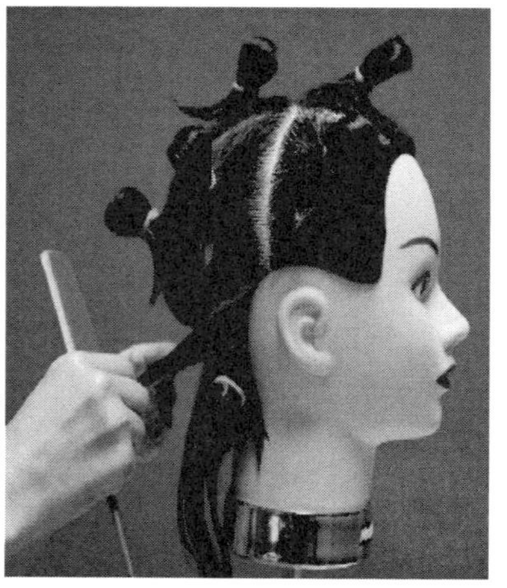

5. 로드 선정 후 와인딩 한다.

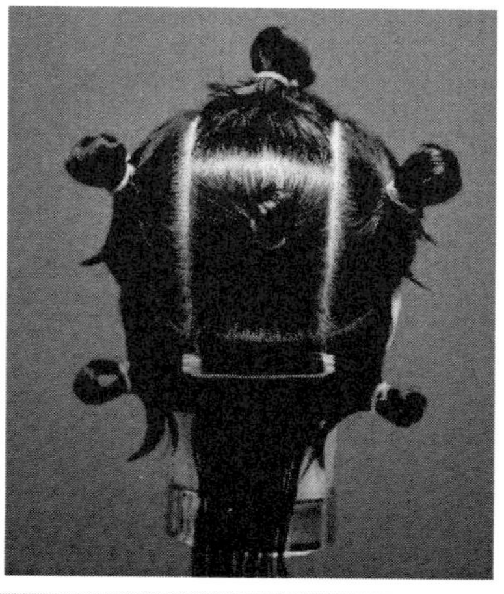

6. 9호로 와인딩한 모습이다.

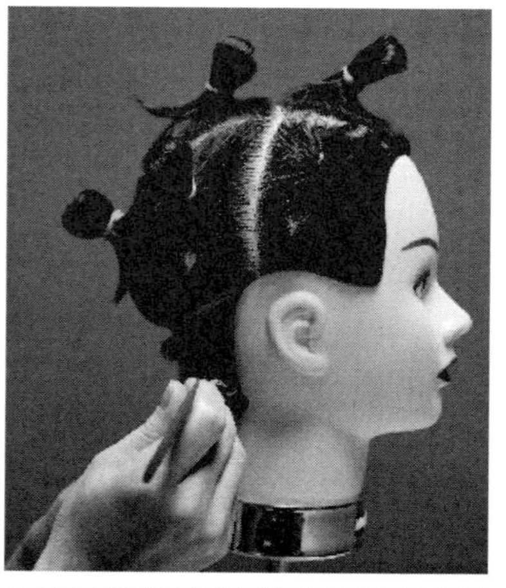

7. 9호의 직경만큼 슬라이스를 해준다.

8. 각도를 유지하고 엔드 페이퍼와 모발을 잡아준다.

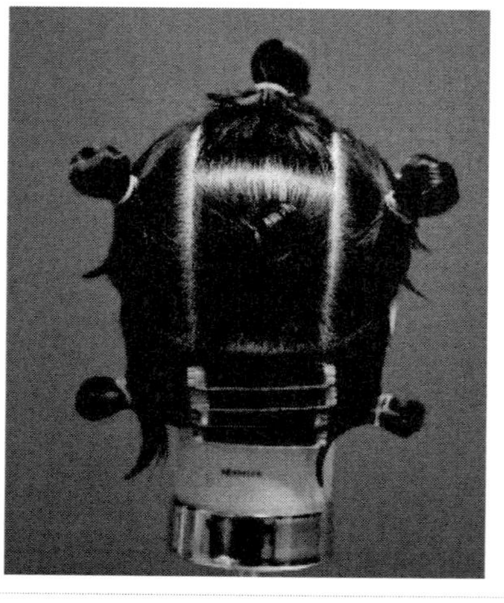

9. 네이프 중앙의 위쪽은 9호, 아랫부분은 10호로 와인딩 한다.

10. 오른쪽 네이프도 9호 1직경만큼 사선으로 슬라이스를 나눈다.

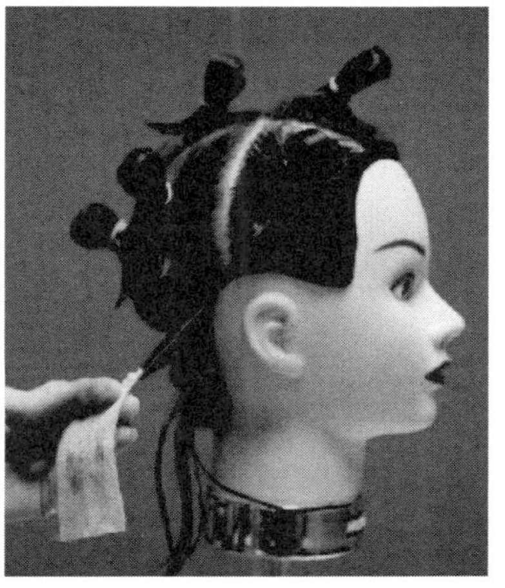

11. 하프 오프 베이스를 유지하며 엔드 페이퍼를 모발과 함께 잡아준다.

12. 로드 9호로 와인딩 한다.

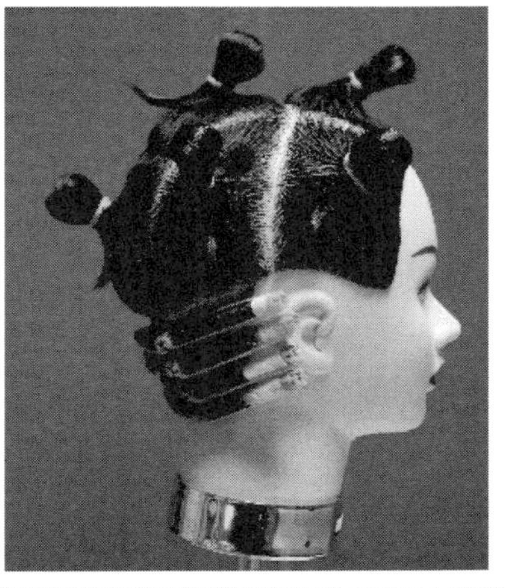

13. 네이프 중앙과 로드 크기를 일정하게 하여 와인딩 한다.

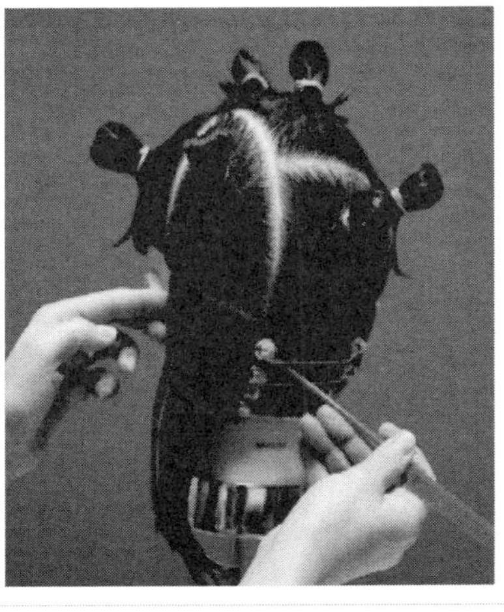

14. 왼쪽 네이프도 오른쪽과 동일한 방법으로 슬라이스를 나눈다.

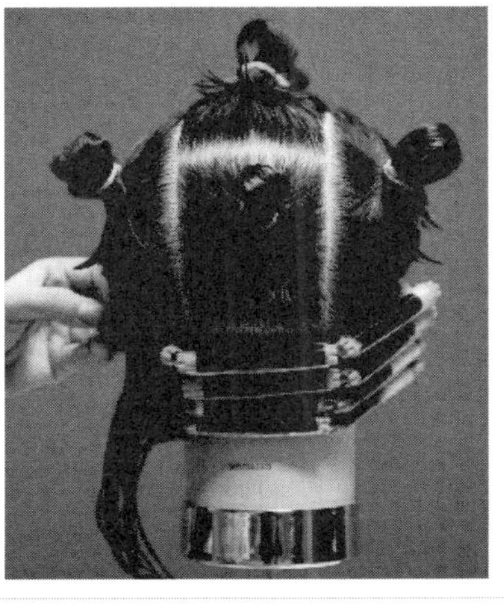

15. 로드 9호로 와인딩 한다.

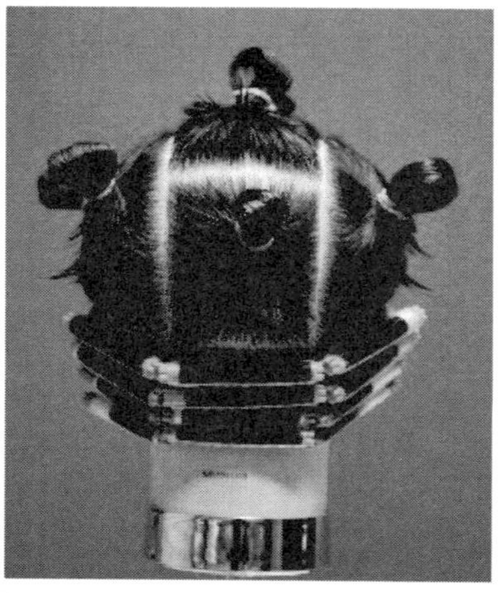

16. 네이프는 9호 2개, 10호 2개를 사용하여 와인딩 해준다.

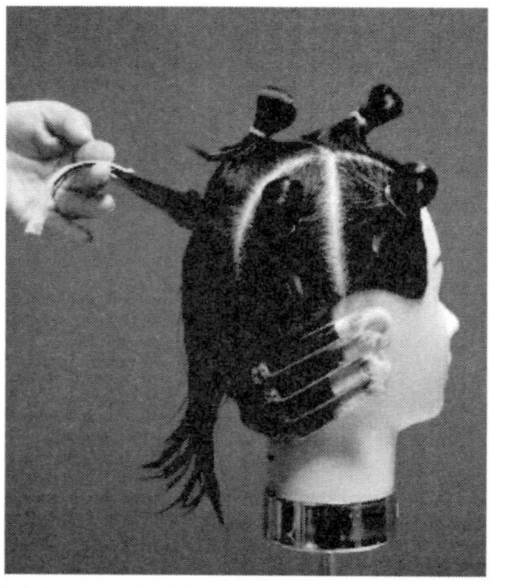

17. 네이프 와인딩 후 크라운 하단을 와인딩한다. 베이스 각도를 유지하여 엔드 페이퍼와 모발을 고정시킨다.

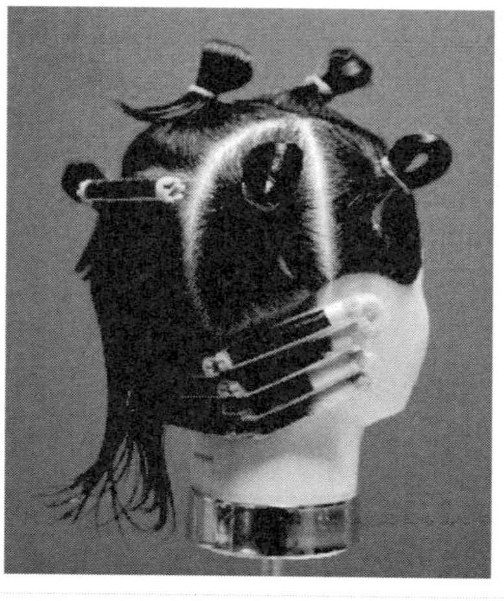

18. 로드 6호로 와인딩 한다.

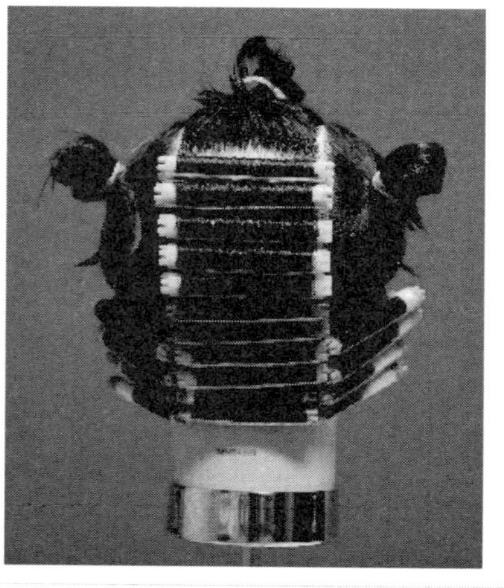

19. 크라운 하단은 6호 2개, 7호 3개, 8호 2개의 로드를 사용하여 와인딩 한다.

20. 크라운 오른쪽 사이드는 두상이 곡면이라는 점을 주의하여 사선으로 슬라이스한 후 하프 오프 베이스로 와인딩 한다.

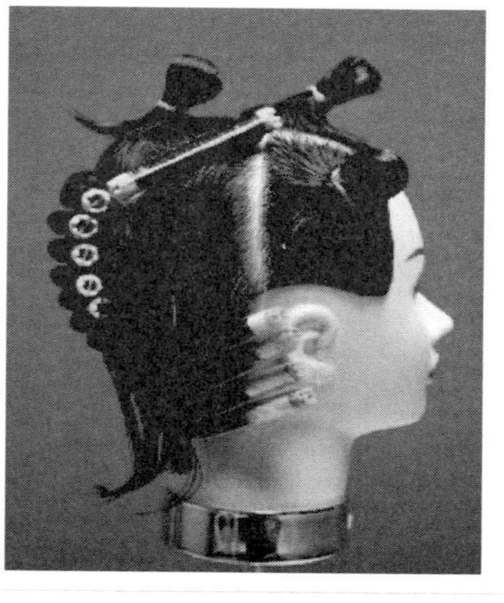

21. 크라운 하단의 첫 번째 로드인 6호와 배열이 될 수 있도록 주의하여 와인딩 한다.

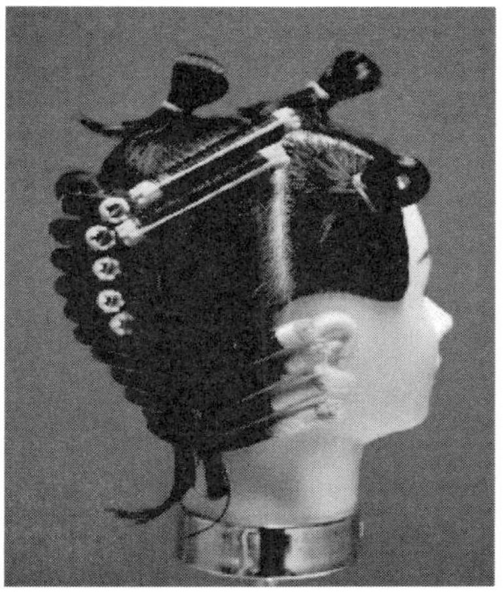

22. 두 번째 로드와 연결될 수 있도록 슬라이스 한 후 와인딩 한다.

23. 크라운 하단과 로드의 배열상태에 주의하여 와인딩 한다.

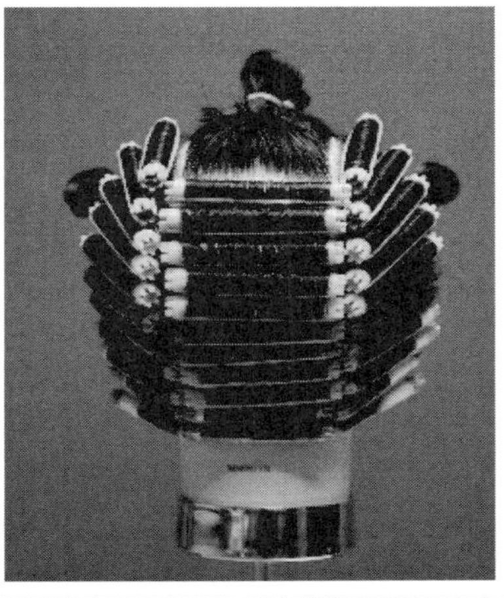

24. 크라운 왼쪽 사이드는 오른쪽 사이드와 동일한 방법으로 와인딩 한다.

25. 오른쪽 사이드는 슬라이스 한 후 두상 곡면에 따른 각도를 주의하여 와인딩 한다.

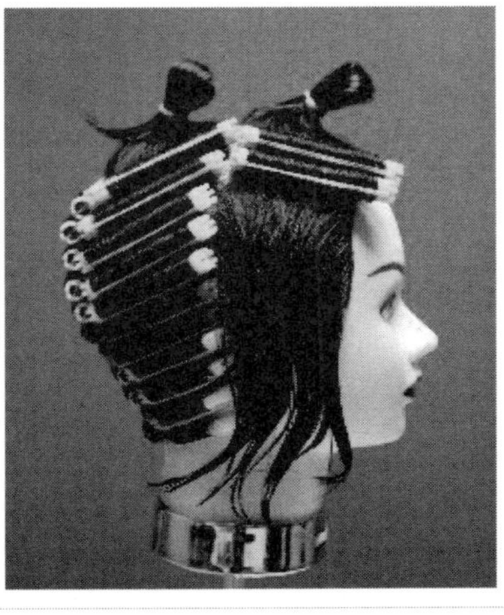

26. 크라운 오른쪽 사이드와 로드 배열 상태에 주의하여 와인딩 한다.

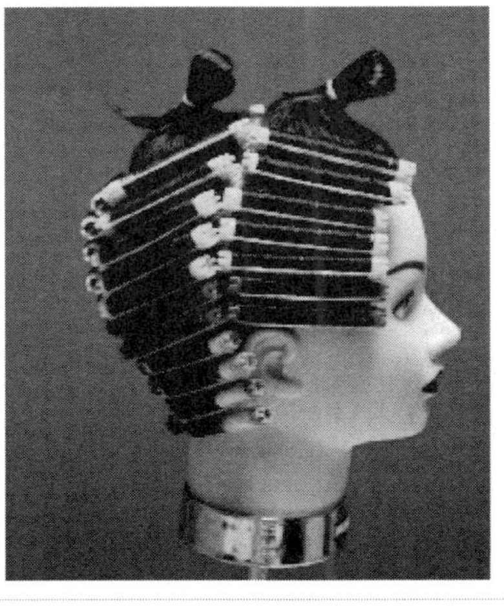

27. 오른쪽 사이드는 와인딩 시 두상의 곡면에 주의 하여 와인딩 한다. 즉, 두상의 곡면에 주의하지 않을 시 한 쪽의 모발이 더 길거나 짧게 와인딩 될 수 있다.

28. 왼쪽 사이드는 오른쪽 사이드와 동일한 방법으로 와인딩 한다.

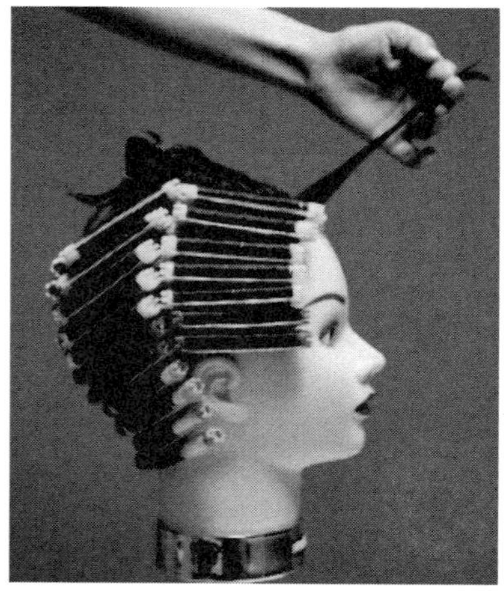

29. 두상 곡면을 주의 하여 두상의 각도 90°로 스트랜드 잡아 준다.

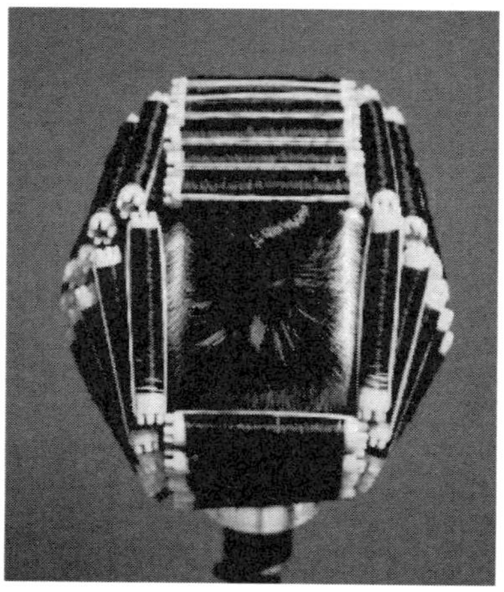

30. 각도에 주의하여 로드 6호 6개를 사용하여 와인딩 한다.

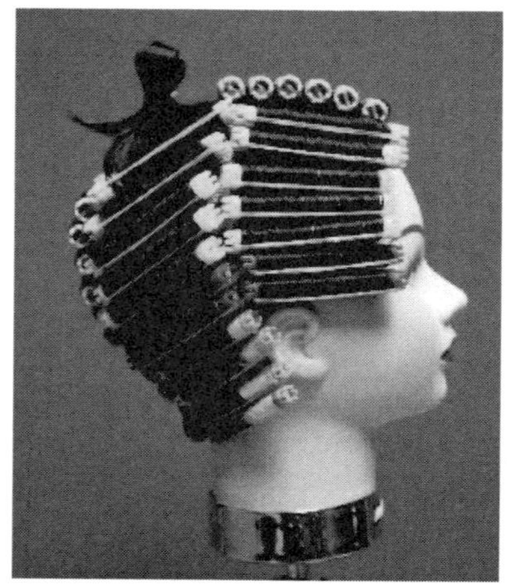

31. 탑부분 와인딩 시 세워말기 방법을 사용하여 90° 각도를 유지하여 와인딩 한다.

완성된 옆면

완성된 정면

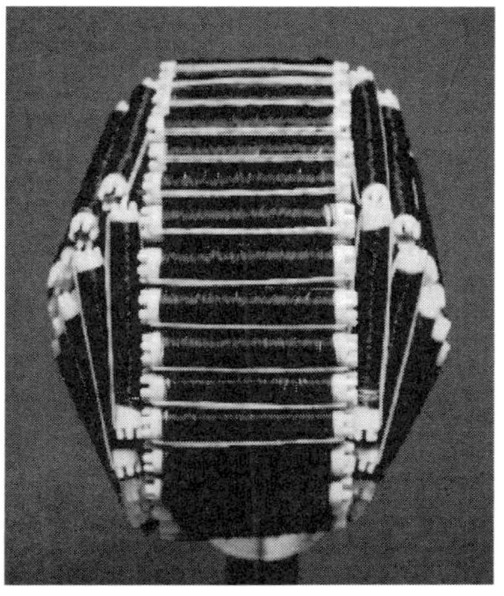	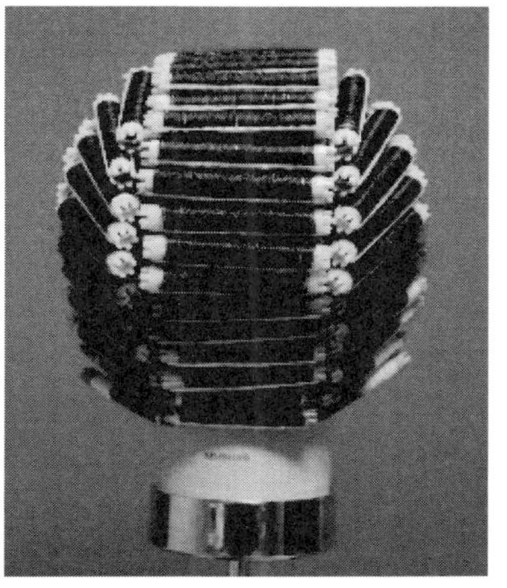
완성된 윗면	완성된 뒷면

실습일지

10등분 블로킹 실습해 보기

이름:	학번:

실습과정(테크닉 순서)

실습과정(테크닉 순서)

블로킹 완성 사진

정면	옆면

뒷면	윗면

구 분	평가내용	평가결과		
		잘되었다	보통이다	안되었다
사전준비	블로킹 시술 전 준비가 잘 되었는가?			
이해정도	블로킹에 따른 두상 포인트와 특징을 이해하였는가?			
수행능력	블로킹을 정확하게 나누고 모발을 깔끔하게 밴딩처리를 하였는가?			
수행결과	전체적으로 블로킹이 잘 되었는가?			

블로킹 실습 과정 중 어려웠던 부분

실습일지

10등분 와인딩 실습해 보기

이름:	학번:

실습과정(테크닉 순서)

실습과정(테크닉 순서)

와인딩 완성 사진

정면	**옆면**

뒷면	**윗면**

구 분	평가내용	평가결과		
		잘되었다	보통이다	안되었다
사전준비	와인딩 시술을 위한 사전준비가 잘 되었는가?			
이해정도	블로킹에 따른 와인딩 순서와 사용된 로드의 크기에 대해 이해하였는가?			
수행능력	와인딩 순서와 베이스의 위치에 따른 각도 설정을 잘 하였는가?			
수행결과	전체적으로 와인딩이 잘 되었는가?			

와인딩 실습 과정 중 어려웠던 부분

2) 9등분 와인딩 시술 과정

(1) 블로킹

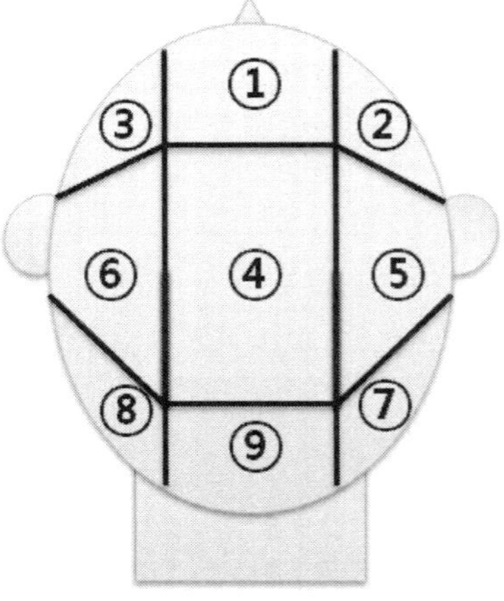	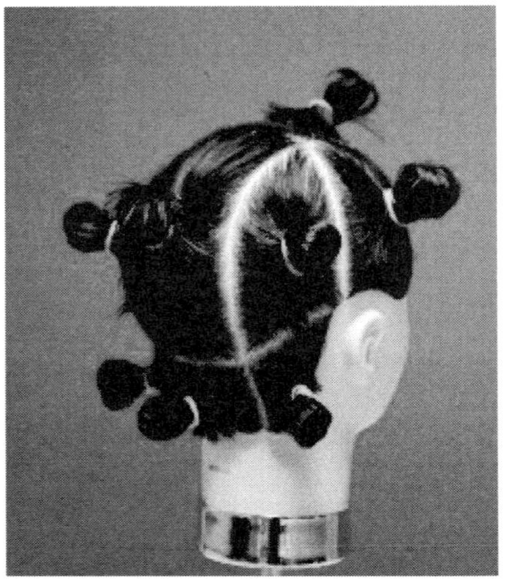
블로킹 순서	완성 블로킹

(2) 블로킹 시술방법

	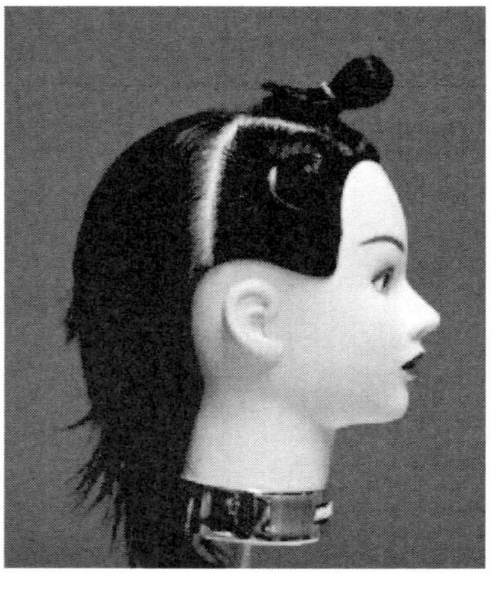
1. 탑을 C.P 지점에서 오른쪽과 왼쪽 3.5cm 정도씩 나눠 T.P(7~8cm) 지점까지 연결하여 고무밴드로 묶어준다.	2. 오른쪽 사이드는 헤어라인을 따라 약간의 C자형으로 굴려 E.B.P 지점에서 나눠 고무밴드로 묶어준다.

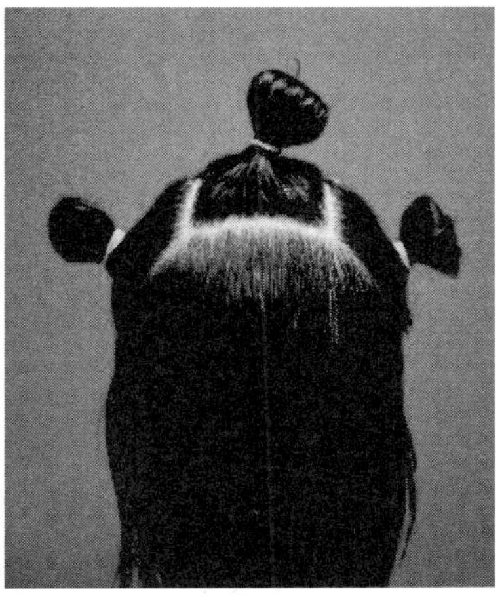

3. 오른쪽과 같은 방법으로 왼쪽도 묶어준다.

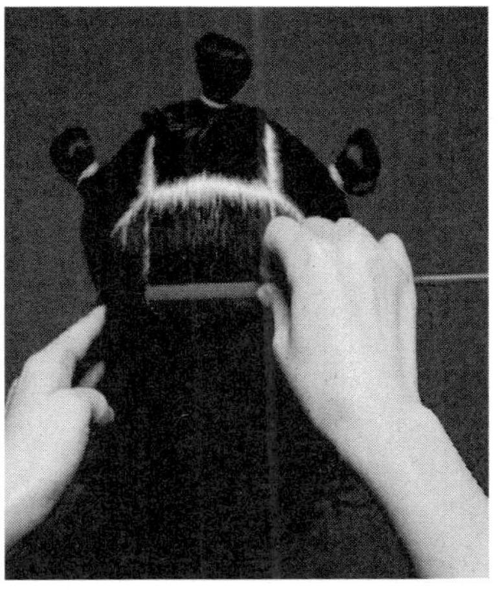

4. 탑과 연결하여 후두부 쪽으로 내려간다.

5. 탑과 연결하여 네이프 4cm 빼고 고무밴드로 묶어 준다.

6. 크라운 오른쪽 부분도 네이프를 제외한 나머지 부분을 묶어준다.

7. 크라운 오른쪽과 같은 방법으로 묶어준다.

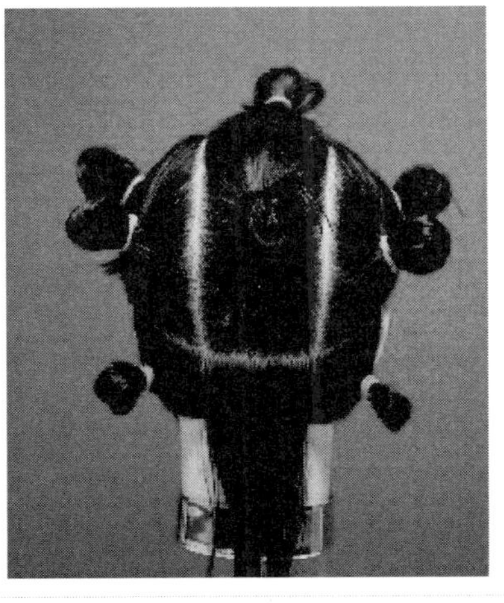

8. 네이프 오른쪽과 왼쪽은 중앙부분을 크라운과 연결 후 나머지 모발을 묶어준다.

9. 네이프 중앙도 고무밴드로 묶어준다.	10. 완성된 9등분 블로킹이다.

(3) 와인딩 시술 방법

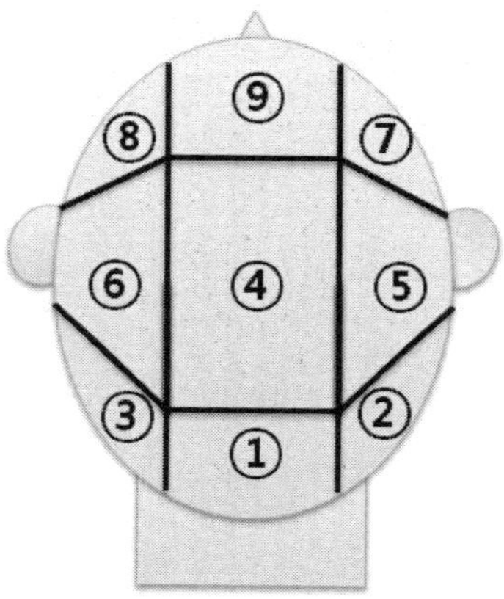	
와인딩 시술순서	1. 네이프 중앙에서 와인딩을 시작한다. 이때 베이스는 하프 오프 베이스(90°)로 와인딩 한다. 엔드페이퍼는 1/3 지점에 모발 끝이 오도록 하여 와인딩 한다.

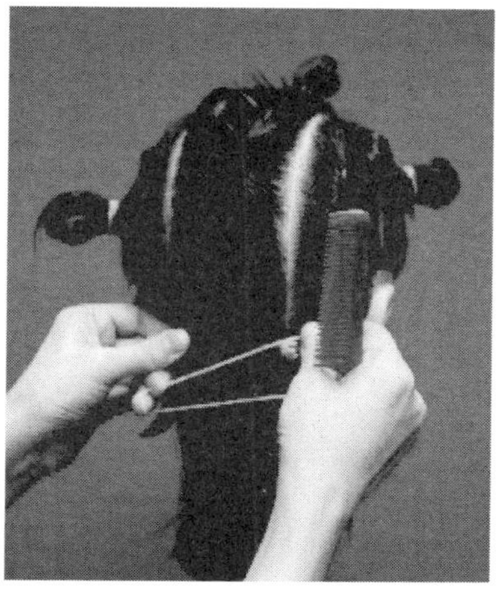

2. 각도를 유지하며 와인딩 한 후 밴딩 처리해 준다.

3. 네이프 중앙은 위쪽 9호, 아랫부분 10호를 사용하여 와인딩 한다.

4. 네이프 오른쪽도 9호, 10호의 직경만큼 사선으로 슬라이스를 나눈 후 와인딩하여 밴딩 처리한다.

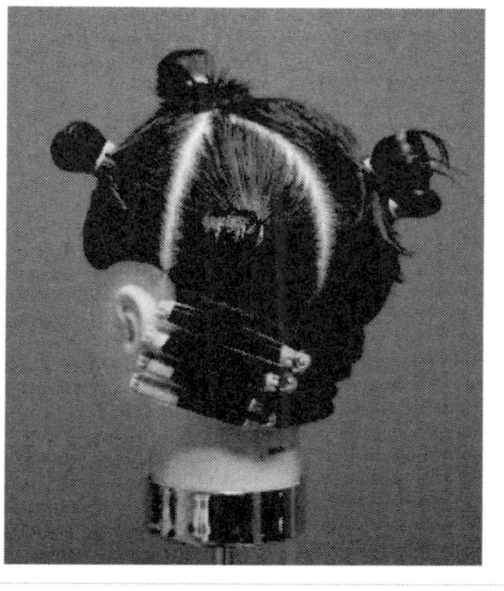

5. 네이프 왼쪽도 오른쪽과 같은 방법으로 와인딩하여 밴드로 고정한다.

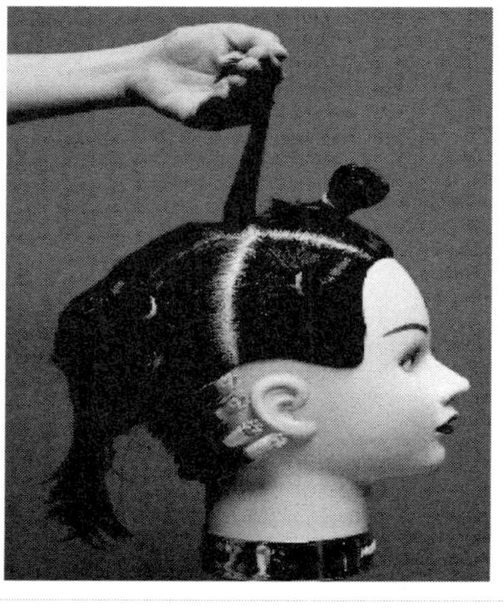

6. 크라운 중앙부분에서 와인딩 한다. 두상 곡면상 각도를 주의하면서 90°로 스트랜드를 왼손으로 고정한 후 와인딩 한다.

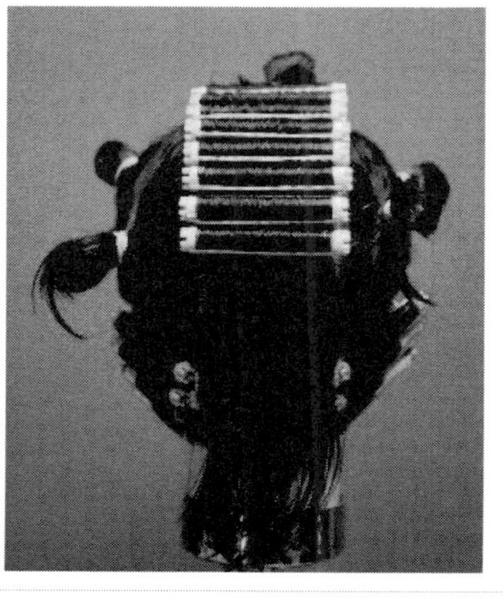

7. 네이프 중앙은 로드 6호의 1직경만큼 슬라이스 한 후 와인딩 한다(6호 8개).

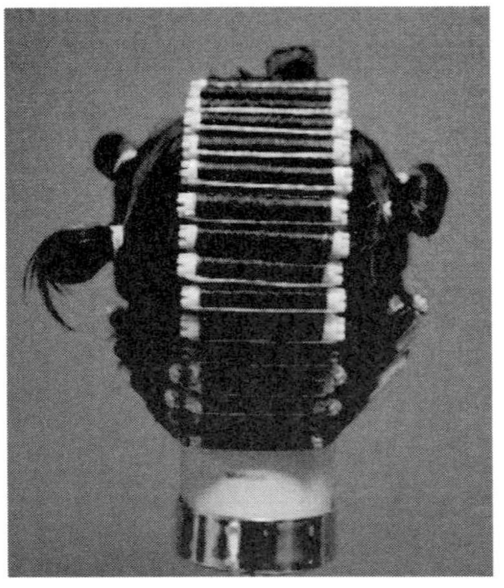

8. 로드 6호와 연결하여 로드 7호(3개, 또는 4개), 8호(2개 또는 3개)의 1직경만큼 슬라이스 한 후 와인딩 한다. 이때 각도에 주의한다.

9. 크라운 오른쪽은 두상이 곡면이라는 점을 주의하며 사선으로 슬라이스 한 후 하프 오프 베이스로 와인딩 한다.

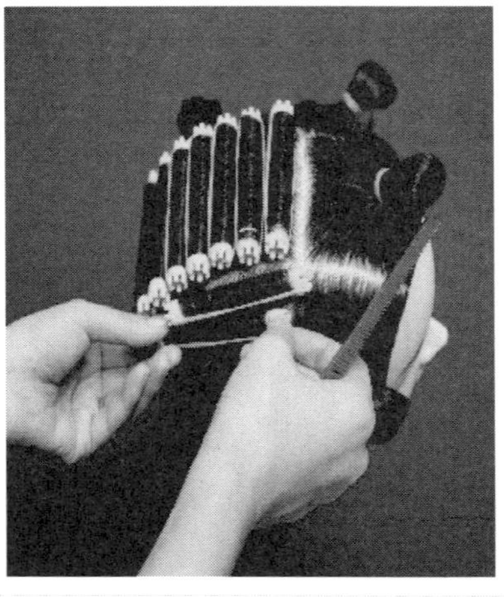

10. 크라운 중앙의 7번째 로드와 첫 번째 로드인 6호와 배열이 될 수 있도록 주의하여 와인딩 한다.

11. 크라운 중앙의 로드의 크기와 배열상태에 주의하면서 와인딩 한다.

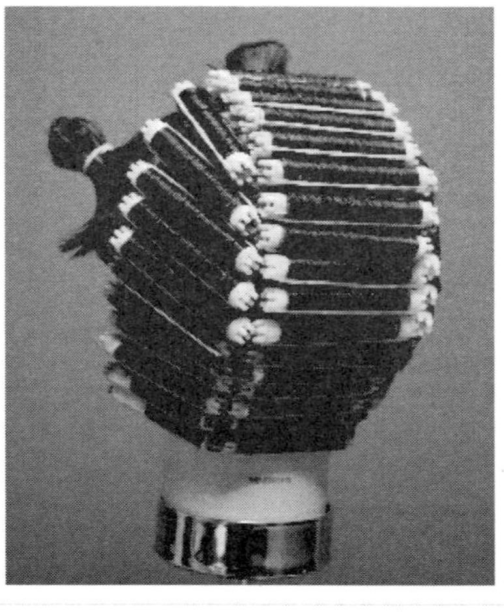

12. 크라운 왼쪽도 오른쪽과 같은 방법으로 와인딩 한다.

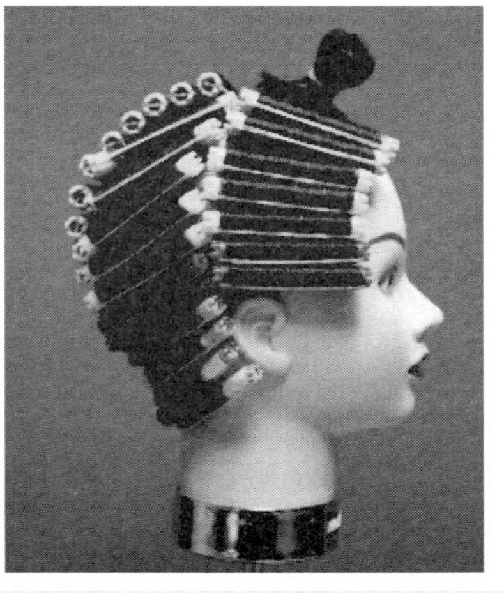

13. 오른쪽 사이드는 크라운 오른쪽 로드의 배열상태에 주의하여 와인딩 한다(6호, 7호, 8호).

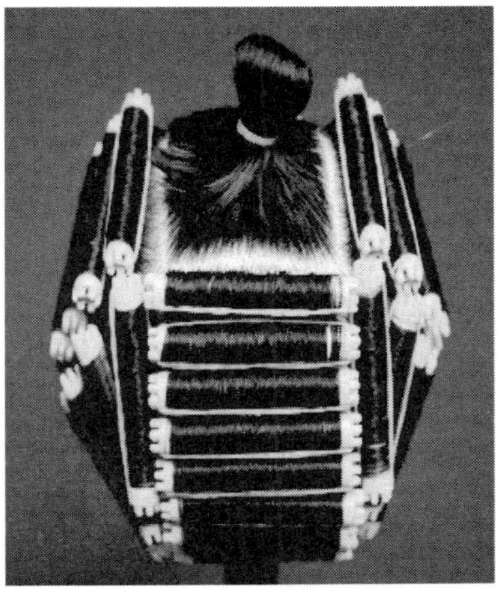

14. 왼쪽 사이드도 오른쪽 사이드와 같은 방법으로 와인딩 한다.

15. 탑은 두상 곡면을 주의하여 두상의 각도 90°로 스트랜드 잡아준다.

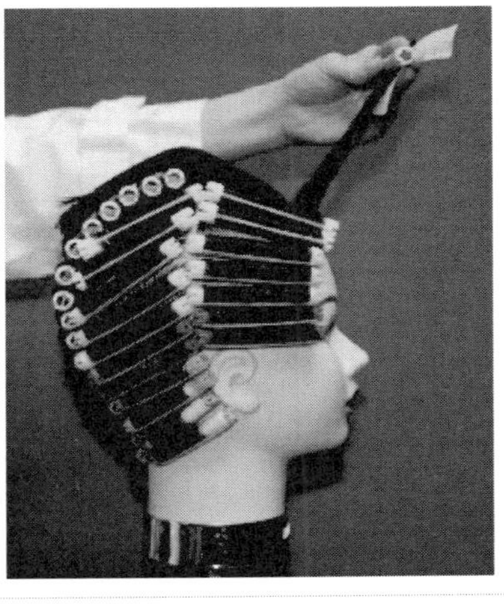

16. 90°로 스트랜드를 잡아 세워말기로 와인딩 해준다.

17. 세워말기는 스트랜트가 엔드페이퍼 중앙에 올 수 있도록 주의하여 잡아준다.

18. 꼬리 빗을 사용하여 텐션을 주며 와인딩 한다.

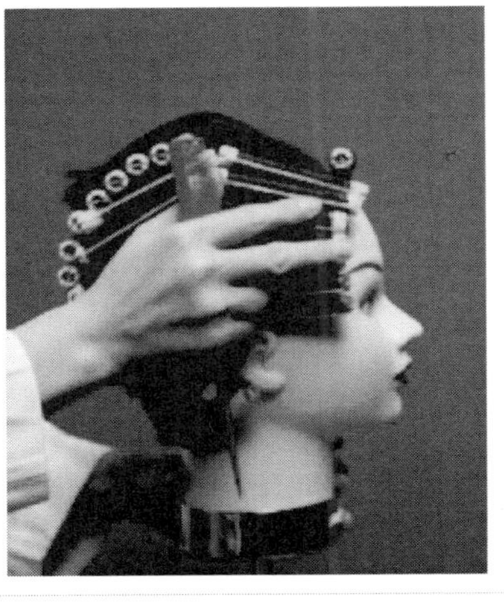

19. 탑은 로드 6호 6개를 사용하여 와인딩 한다.

완성된 뒷면

완성된 정면

완성된 옆면

실습일지

9등분 블로킹 실습해 보기

이름:	학번:

실습과정(테크닉 순서)

실습과정(테크닉 순서)

블로킹 완성 사진

정면	옆면

뒷면	윗면

구 분	평가내용	평가결과		
		잘되었다	보통이다	안되었다
사전준비	블로킹 시술 전 준비가 잘 되었는가?			
이해정도	블로킹에 따른 두상 포인트와 특징을 이해하였는가?			
수행능력	블로킹을 정확하게 나누고 모발을 깔끔하게 밴딩처리를 하였는가?			
수행결과	전체적으로 블로킹이 잘 되었는가?			

블로킹 실습 과정 중 어려웠던 부분

실습일지

9등분 와인딩 실습해 보기

이름:	학번:

실습과정(테크닉 순서)

실습과정(테크닉 순서)

와인딩 완성 사진

정면	옆면

뒷면	윗면

구 분	평가내용	평가결과		
		잘되었다	보통이다	안되었다
사전준비	와인딩 시술을 위한 사전준비가 잘 되었는가?			
이해정도	블로킹에 따른 와인딩 순서와 사용된 로드의 크기에 대해 이해하였는가?			
수행능력	와인딩 순서와 베이스의 위치에 따른 각도 설정을 잘 하였는가?			
수행결과	전체적으로 와인딩이 잘 되었는가?			

와인딩 실습 과정 중 어려웠던 부분

3) 왼쪽 파트(5등분) 와인딩 시술 과정

(1) 블로킹

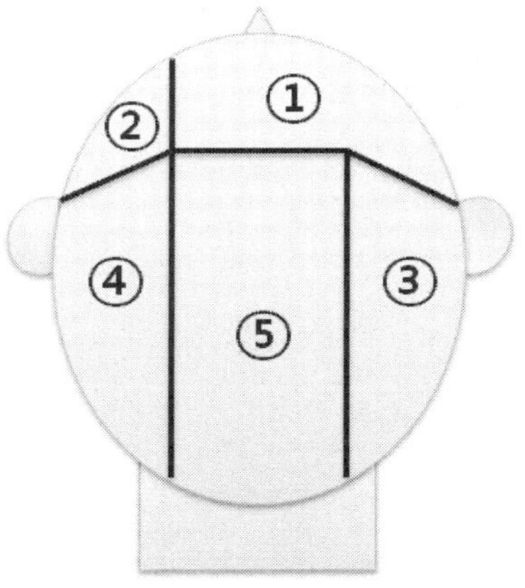

블로킹 순서

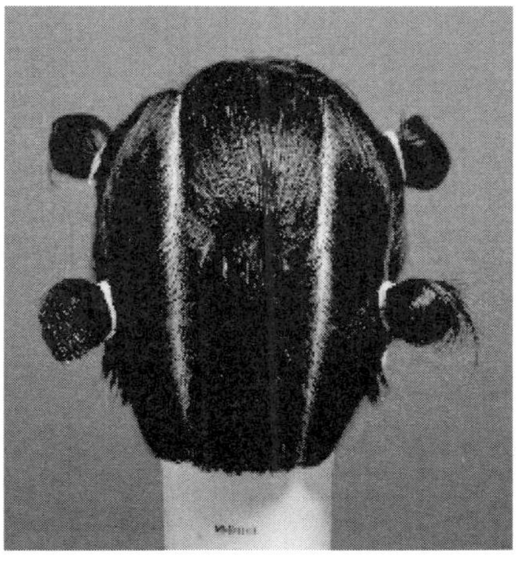

완성된 블로킹

(2) 블로킹 시술 방법

1. C.P 지점에서 왼쪽으로 3.5cm 지점에서 파팅 한다.

2. 왼쪽 3.5cm 파팅 후 T.P 지점과 연결한다.

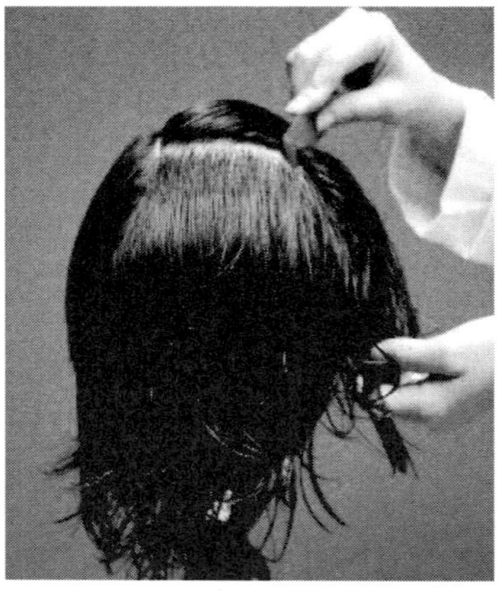

3. T.P을 지나 7~8cm 지점에서 오른쪽 사이드와 연결한다.

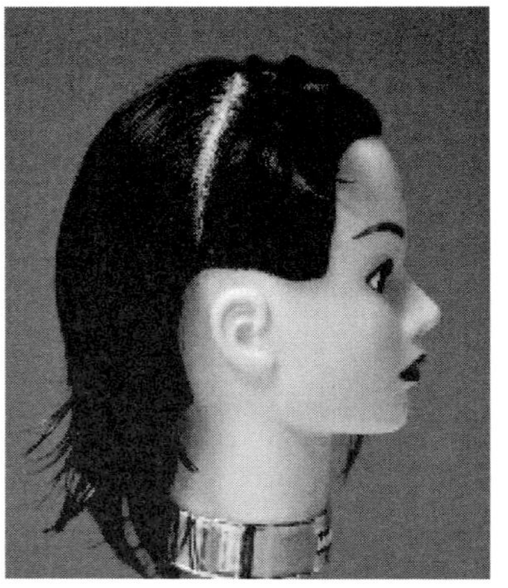

4. 오른쪽 사이드는 헤어라인에 따라 약간의 C자형으로 E.B.P 지점까지 연결하여 고무밴딩 한다.

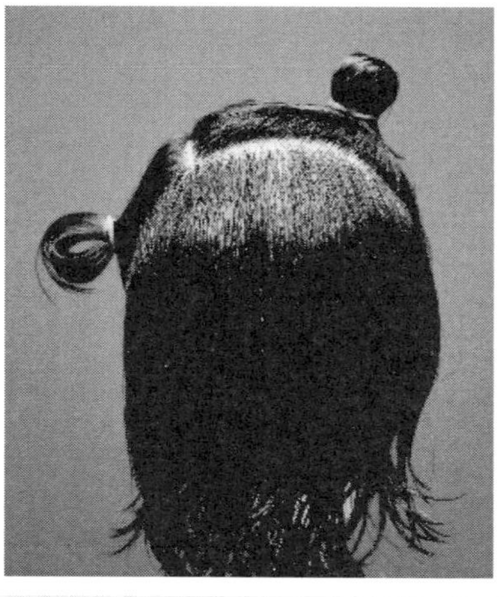

5. 왼쪽 사이드도 오른쪽 사이드와 같은 방법으로 고무밴딩 한다.

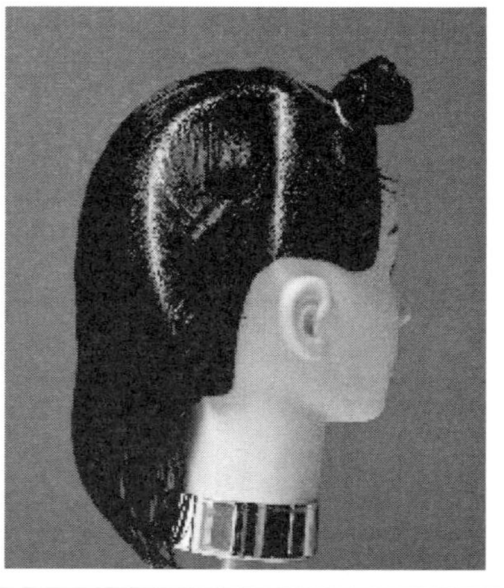

6. 후두부는 T.P 지점에서 좌, 우로 3.5cm 간 지점에서 네이프까지 파팅 한 후 고무밴딩 한다.

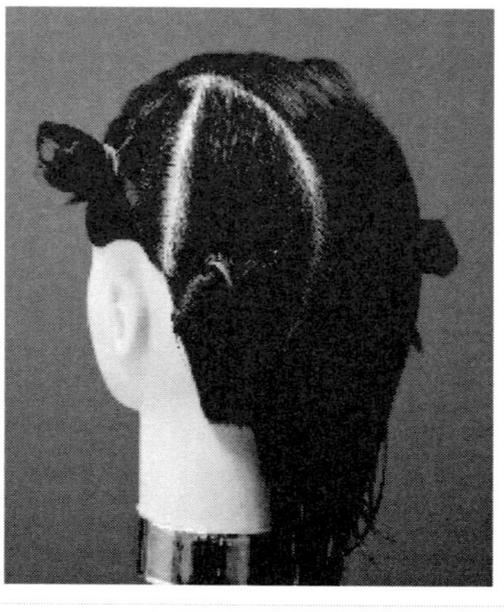

7. 크라운 왼쪽도 오른쪽과 같은 방법으로 고무밴딩 한다. 이때 양 옆의 네이프 부분은 약 1.5cm 정도까지 파팅 후 고무밴딩한다.

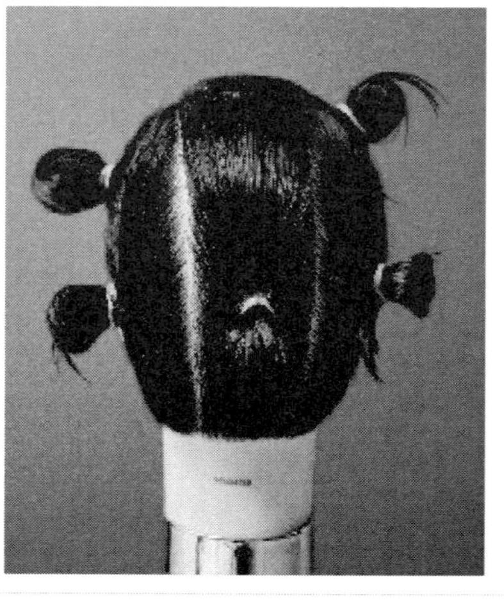

8. 크라운 중앙은 나머지 모발 부분을 고무밴딩한다.

(3) 와인딩 시술 방법

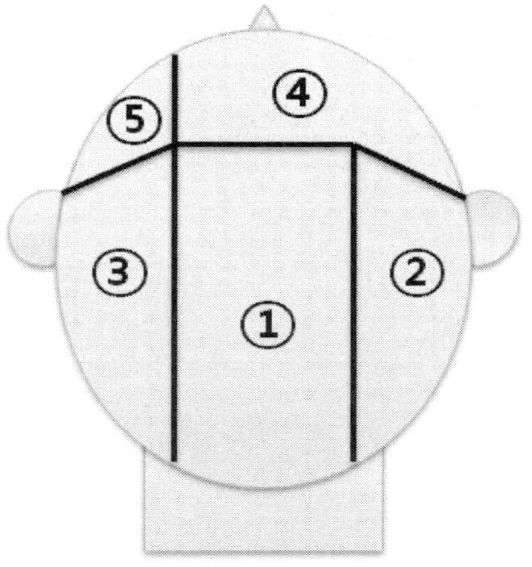

와인딩 시술 순서

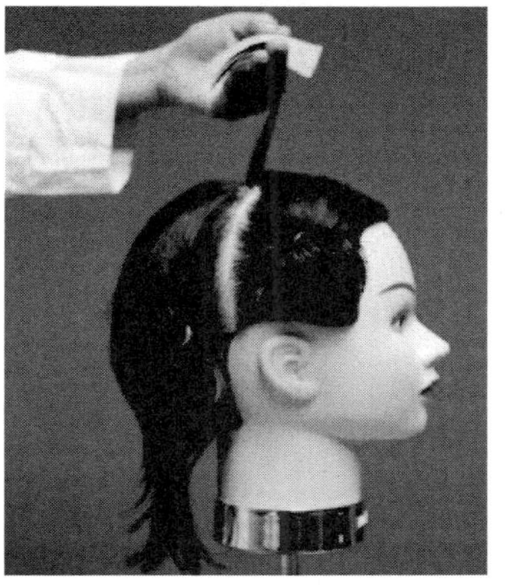

1. 크라운 중앙부터 각 부분에 맞는 로드를 선정하여 탑에서 네이프 방향으로 와인딩 한다. 이때 두상의 각도에 주의하며 와인딩 한다.

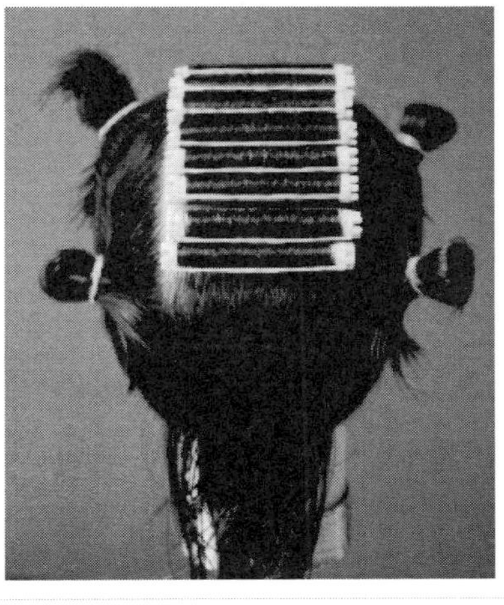

2. 로드 6호 8개를 사용하여 와인딩 한다.

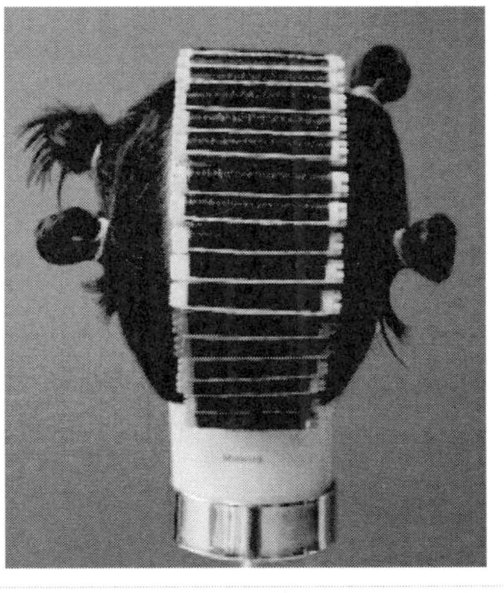

3. 각 부분에 맞는 로드 7호 3개, 8호 2호, 9호 2개, 10호 2개를 선정하여 와인딩 한다.

4. 오른쪽 백사이드는 두상 곡면에 주의하며 사선으로 슬라이스 한다.

5. 사선으로 슬라이스 한 후 크라운 중앙의 로드 6호 7번째와 연결될 수 있도록 와인딩 한다.

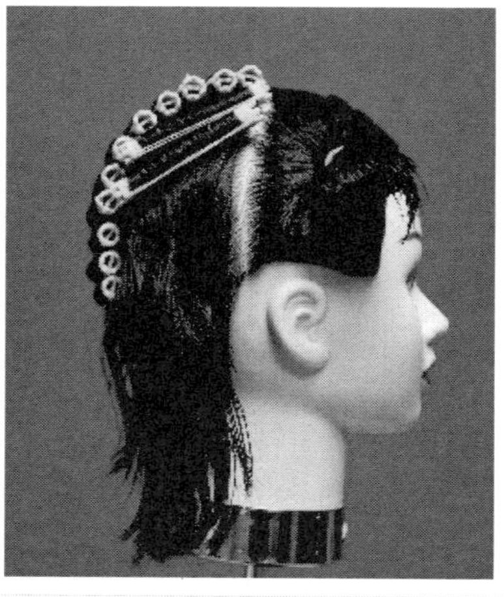

6. 크라운 중앙의 배열 상태에 주의 하며 와인딩 한다.

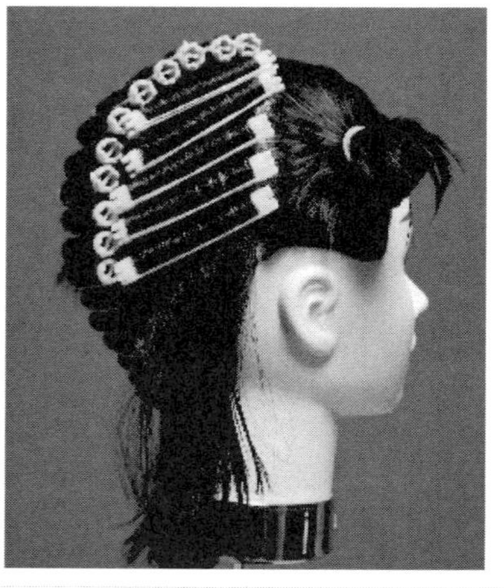

7. 각도와 배열상태에 주의하며 로드 6호와 7호를 사용하여 와인딩 한다.

8. 크라운 중앙의 로드크기와 배열상태에 주의하며 로드 8호, 9호, 10호 순으로 와인딩 한다.

9. 왼쪽 백사이드도 오른쪽과 같은 방법으로 와인딩 한다.

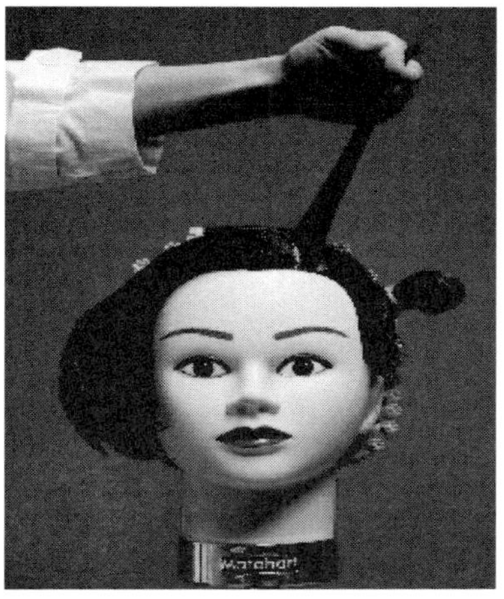

10. 오른쪽 부분은 로드 6호를 사용하여 두상 각도에 주의하며 와인딩 한다.

11. 로드 6호 8개, 7호 3개, 8호 2개를 사용하여 와인딩 한다.

12. 왼쪽 백 사이드와 로드 크기와 배열상태에 주의하며 와인딩 한다(6호 2개, 7호 3개, 8호 2개).

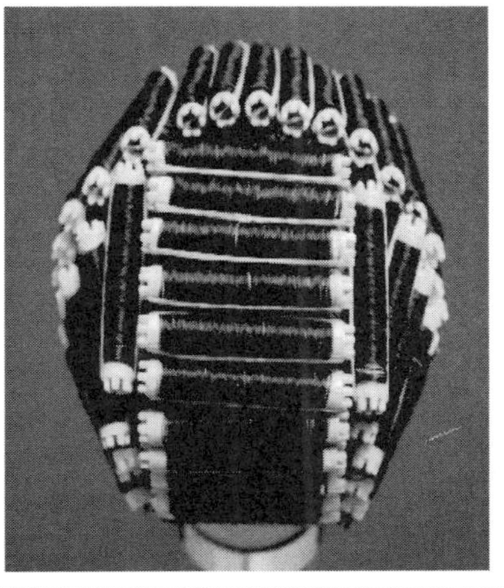

14. 오른쪽과 왼쪽 사이드가 완성된 윗면의 모습이다.

완성된 뒷면

완성된 옆면

완성된 정면

실습일지

왼쪽파트(5등분) 블로킹 실습해 보기

이름:	학번:

실습과정(테크닉 순서)

실습과정(테크닉 순서)

블로킹 완성 사진

정면	옆면

뒷면	윗면

구 분	평가내용	평가결과		
		잘되었다	보통이다	안되었다
사전준비	블로킹 시술 전 준비가 잘 되었는가?			
이해정도	블로킹에 따른 두상 포인트와 특징을 이해하였는가?			
수행능력	블로킹을 정확하게 나누고 모발을 깔끔하게 밴딩처리를 하였는가?			
수행결과	전체적으로 블로킹이 잘 되었는가?			

블로킹 실습 과정 중 어려웠던 부분

실습일지

왼쪽파트(5등분) 와인딩 실습해 보기

이름:	학번:

실습과정(테크닉 순서)

실습과정(테크닉 순서)

와인딩 완성 사진

정면	측면

후면	윗면

구 분	평가내용	평가결과		
		잘되었다	보통이다	안되었다
사전준비	와인딩 시술을 위한 사전준비가 잘 되었는가?			
이해정도	블로킹에 따른 와인딩 순서와 사용된 로드의 크기에 대해 이해하였는가?			
수행능력	와인딩 순서와 베이스의 위치에 따른 각도 설정을 잘 하였는가?			
수행결과	전체적으로 와인딩이 잘 되었는가?			

와인딩 실습 과정 중 어려웠던 부분

4) 오른쪽 파트(5등분) 와인딩 시술 과정

(1) 블로킹

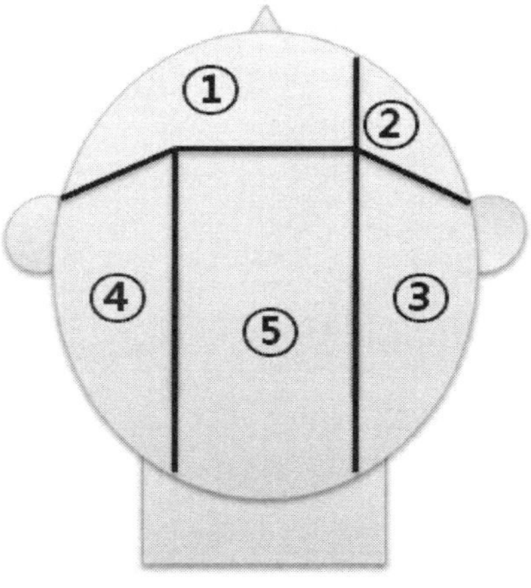	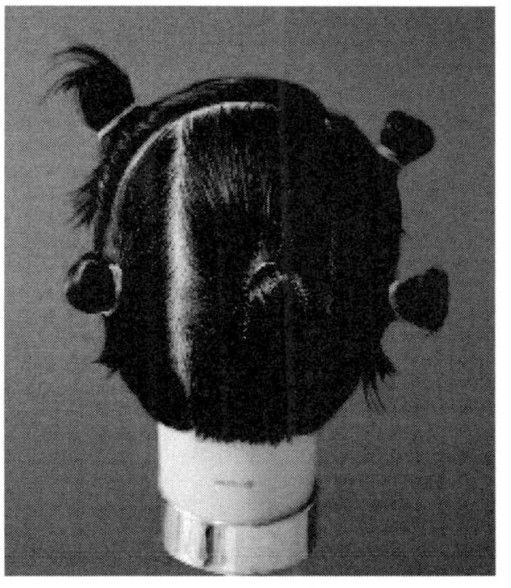
블로킹 순서	블로킹 완성된 모습

(2) 블로킹 시술 방법

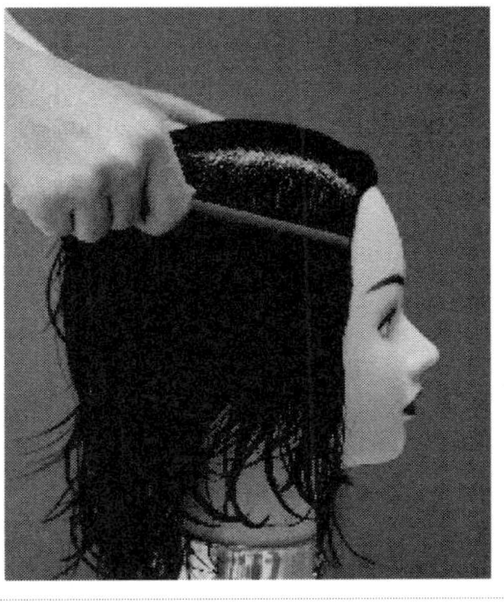	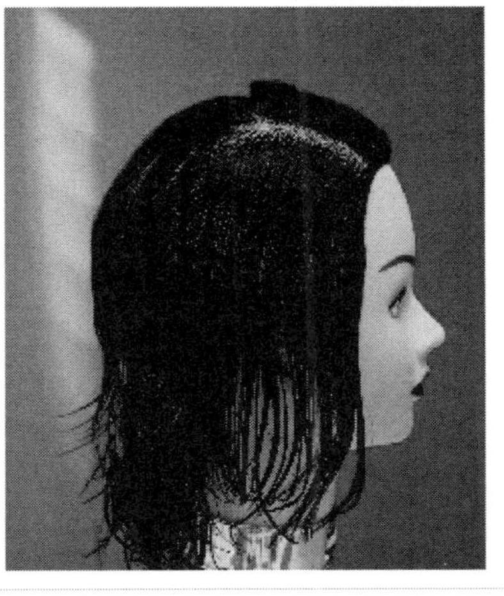
1. C.P 지점에서 오른쪽으로 3.5cm 지점에서 파팅 한다.	2. 오른쪽 3.5cm 파팅 후 T.P 지점과 연결한다.

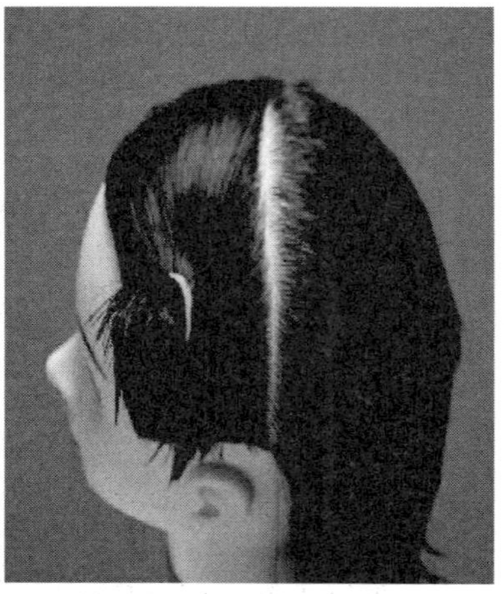

3. T.P을 지나 7~8cm 지점에서 왼쪽 사이드와 연결한다. 이때 사이드는 약간의 C자형으로 E.B.P 지점까지 연결하여 고무밴딩 한다.

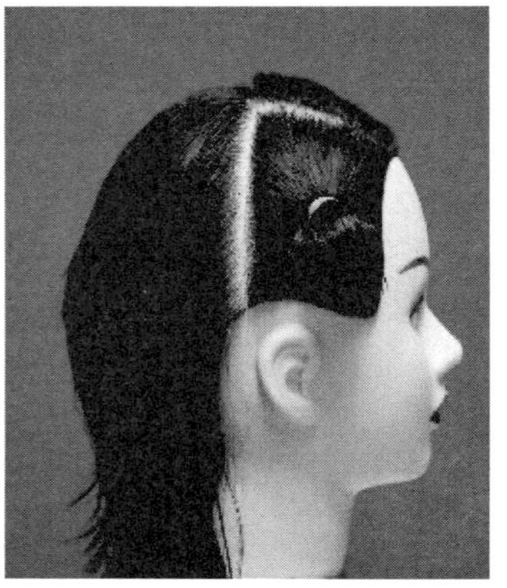

4. 오른쪽 사이드도 헤어라인에 따라 약간의 C자형으로 E.B.P 지점까지 연결하여 고무밴딩 한다.

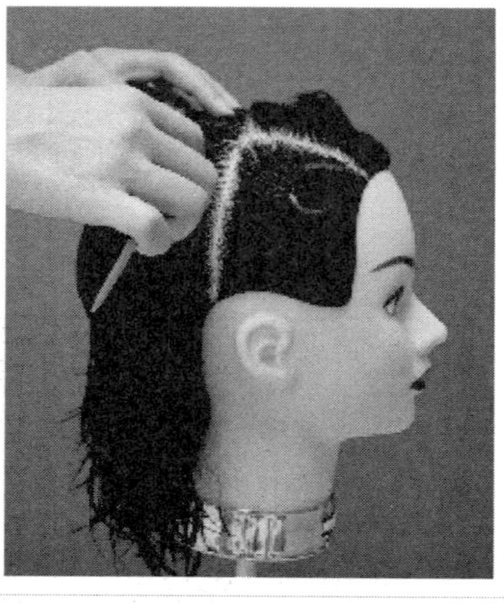

5. 후두부는 T.P 지점에서 좌, 우로 3.5cm 간 지점에서 네이프까지 파팅 한다.

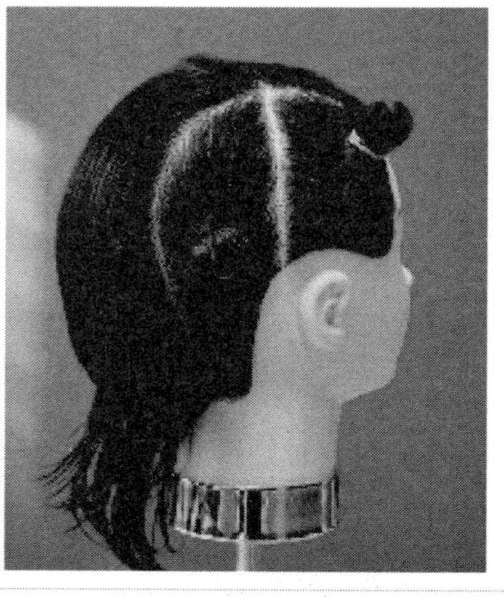

6. 오른쪽 백 사이드는 네이프까지 파팅 한 후 고무밴딩 한다. 이때 양 옆의 네이프 부분은 약 1.5cm 정도까지 파팅 후 고무밴딩 한다.

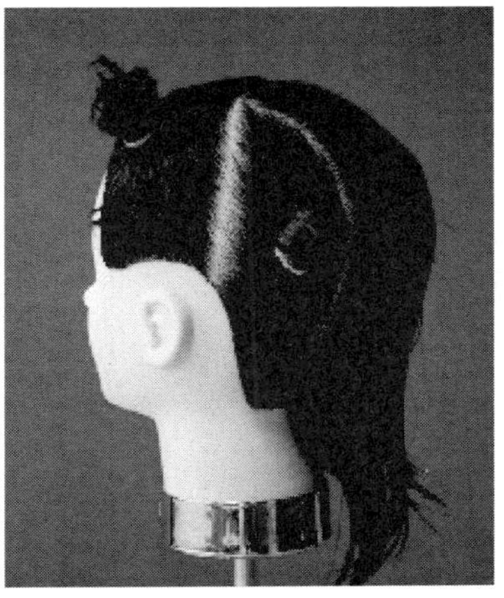

7. 왼쪽 백 사이드도 오른쪽과 같은 방법으로 고무밴딩 한다.

8. 블로킹이 완성된 모습이다.

(3) 와인딩 시술 방법

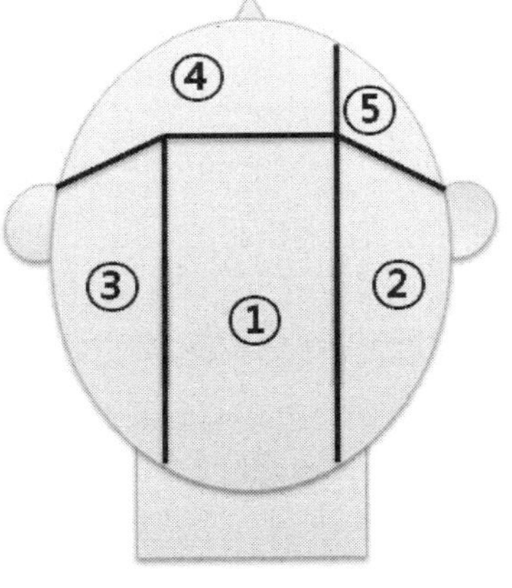

와인딩 시술 순서

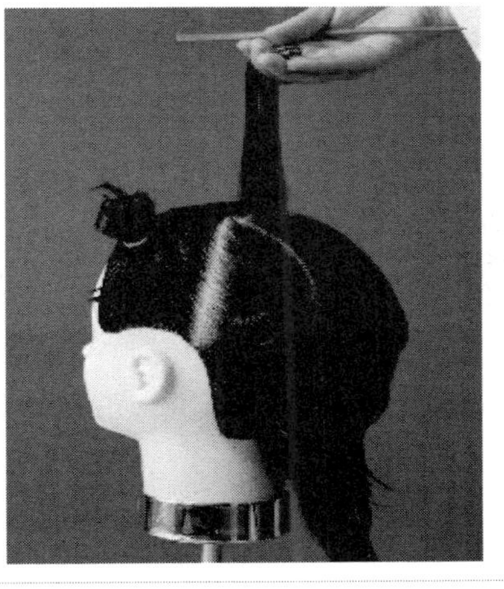

1. 후두부 중앙부터 와인딩 한다. 두상의 곡면에 주의하며 90°로 스트랜드를 잡아준다.

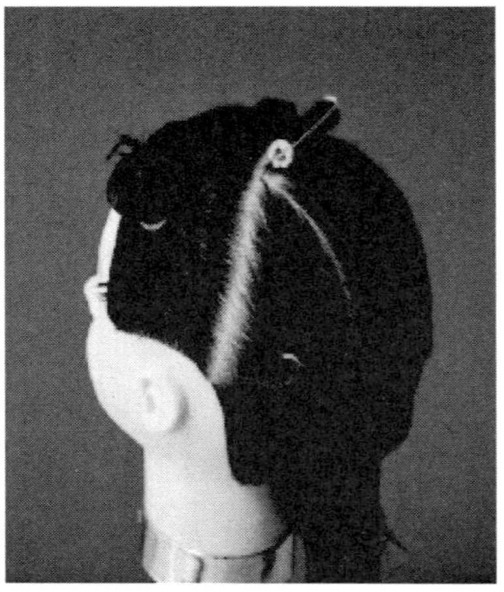

2. 각도에 주의하며 와인딩 해준다.

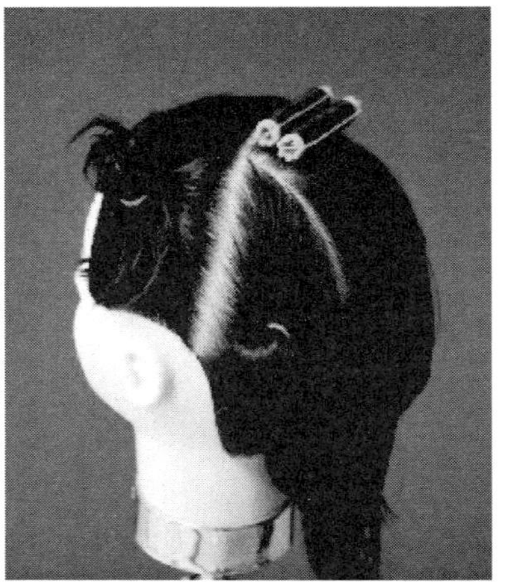

3. 사용한 로드의 직경만큼 슬라이스 한 후 와인딩 한다.

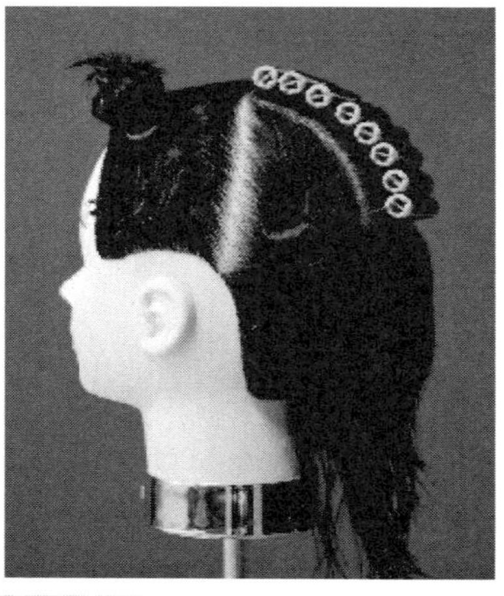

4. 각 베이스의 각도를 주의하며 로드 6호 8개를 사용하여 와인딩 한다.

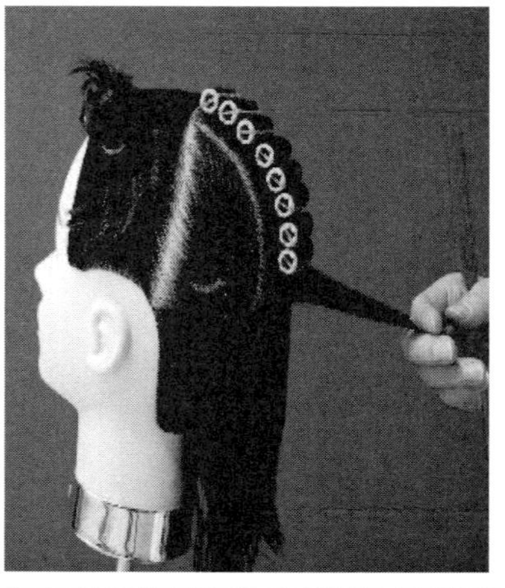

5. 사용하는 로드의 1직경만큼 슬라이스 한 후 각도에 주의하여 와인딩 한다.

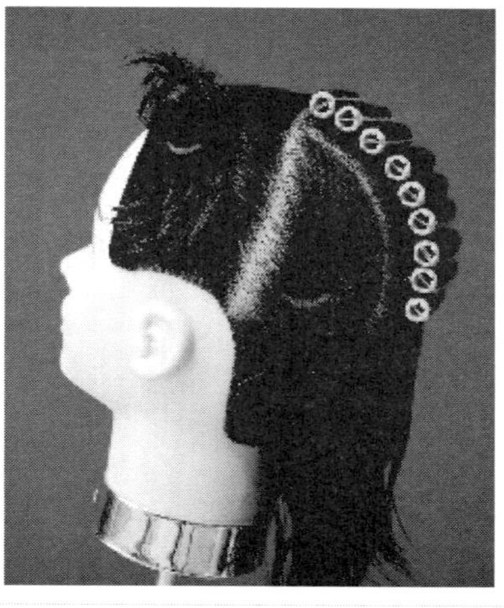

6. 로드 7호를 사용하여 와인딩 한다.

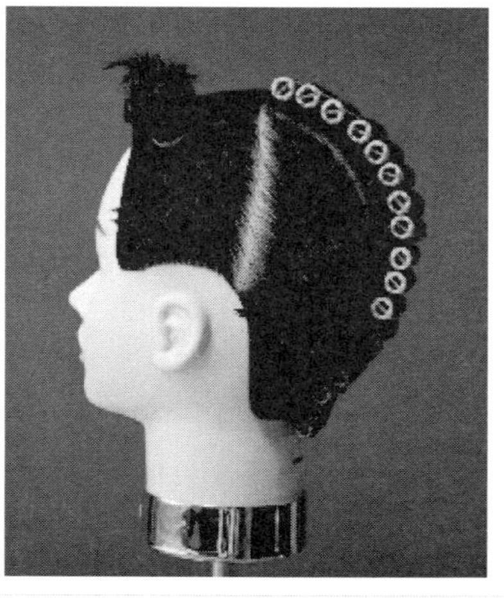

7. 탑에서 네이프 순으로 와인딩하며, 이때 각 부분에 맞는 로드를 선정하여 와인딩 한다.

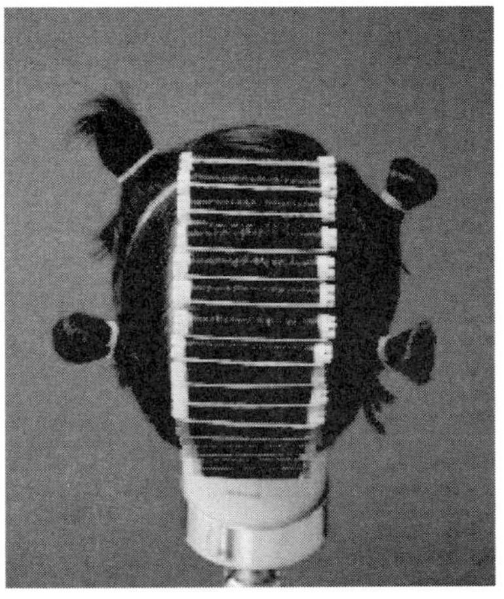

8. 후두부 중앙에 사용 로드는 6호 8개, 7호 3개, 8호 2개, 9호 2개, 10호 2개를 사용한다.

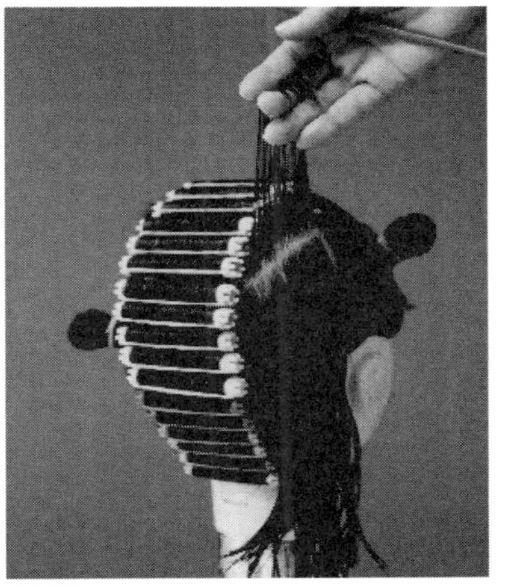

9. 오른쪽 백사이드는 후두부 중앙의 6호 7번째와 연결될 수 있도록 사선으로 슬라이스 한다.

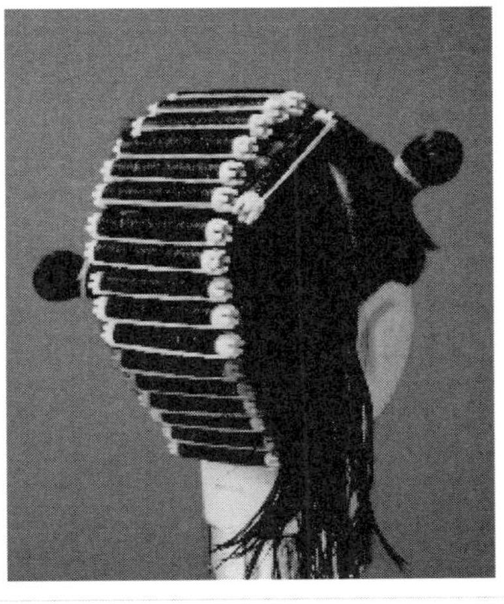

10. 후두부 중앙의 로드 6호 7번째와 연결될 수 있도록 주의하여 와인딩 한다.

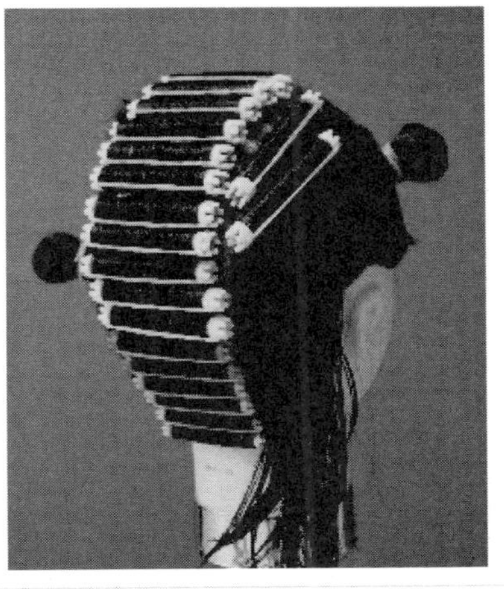

11. 오른쪽 백 사이드는 6호 2개를 사용하여 와인딩 한다.

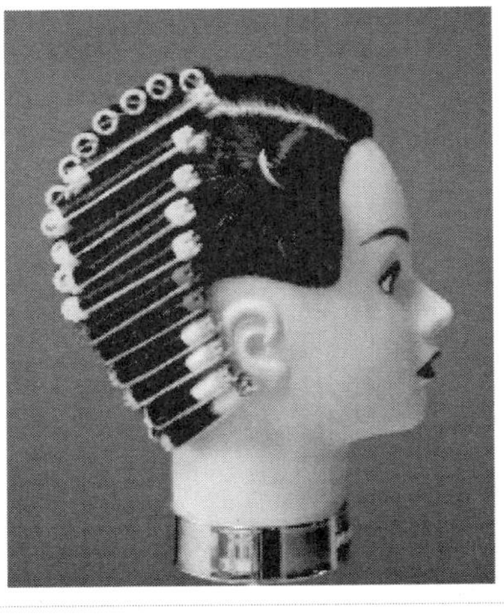

12. 각 부분에 맞는 로드를 선정하여 후두부 중앙의 로드와 배열될 수 있도록 와인딩 한다.

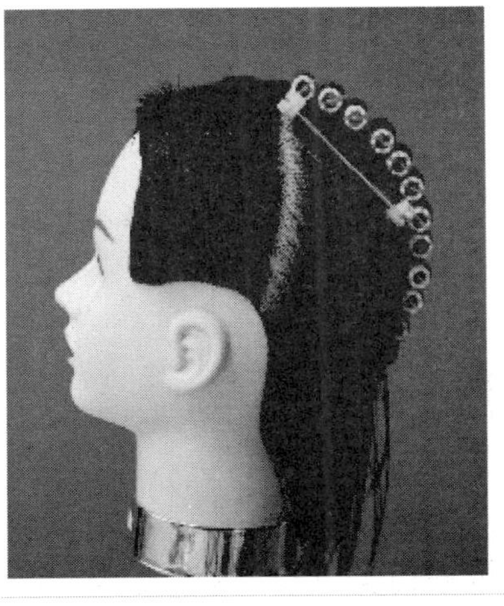

13. 왼쪽 백사이드도 오른쪽과 같은 방법으로 각도에 주의하여 로드 6호를 사용하여 와인딩 한다.

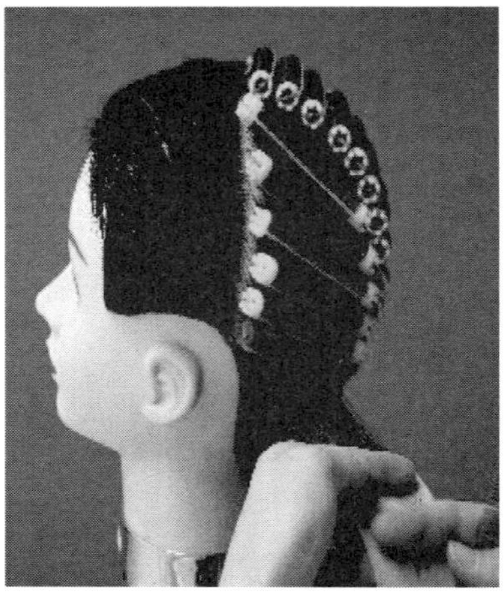

14. 로드 6호 2개, 7호 2개, 8호 2개를 사용하여 각도 각각 하프 오프 베이스로 스트랜드를 고정한다.

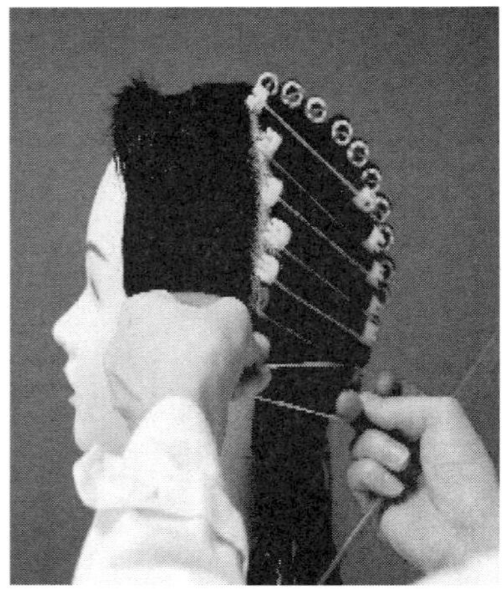

15. 고정한 후 와인딩 한 후 밴딩 처리해준다.

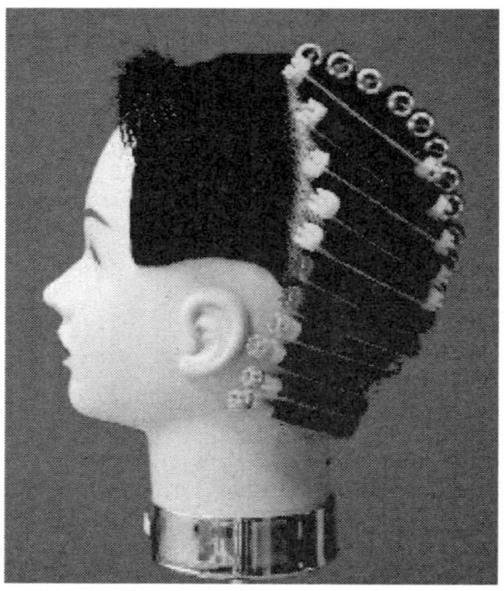

16. 네이프까지 연결하여 각 부분에 맞는 로드를 선정하여 와인딩 하여야 하기 때문에 베이스 크기를 로드직경만큼 슬라이스 한 후 각도에 주의하여 와인딩 한다.

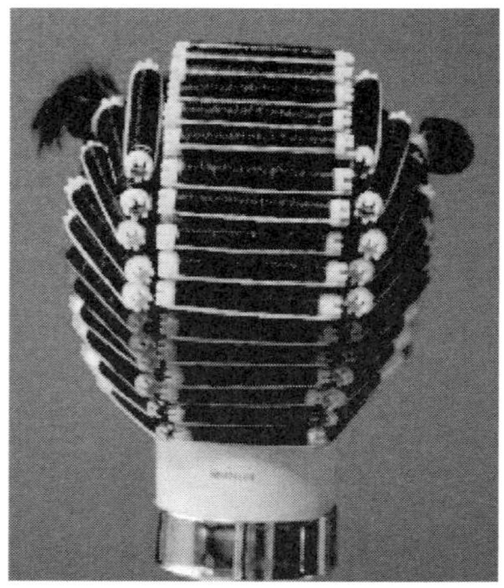

17. 후두부 와인딩이 완성된 상태이다. 로드 배열에 주의하여 와인딩해준다.

18. 왼쪽 블로킹부터 와인딩 한다. 두상의 각도에 주의하여 스트랜드를 잡아준다.

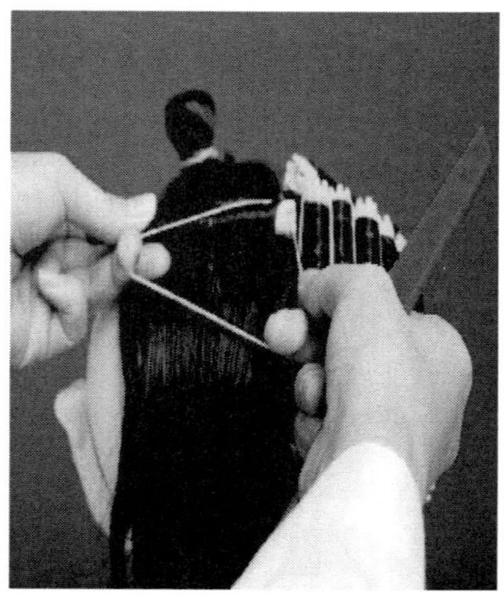

19. 각도에 주의하여 와인딩 한 후 밴딩 처리해 준다.

20. 로드 6호 6개를 사용하여 탑부분을 와인딩 한다.

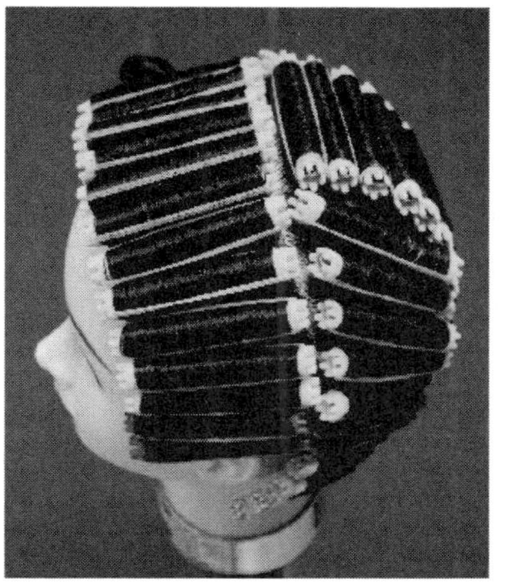

21. 백사이드와 연결될 수 있도록 로드를 선정하여 6호 2개, 7호 3개, 8호 2개로 와인딩 한다.

22. 왼쪽 사이드를 와인딩한 모습이다.

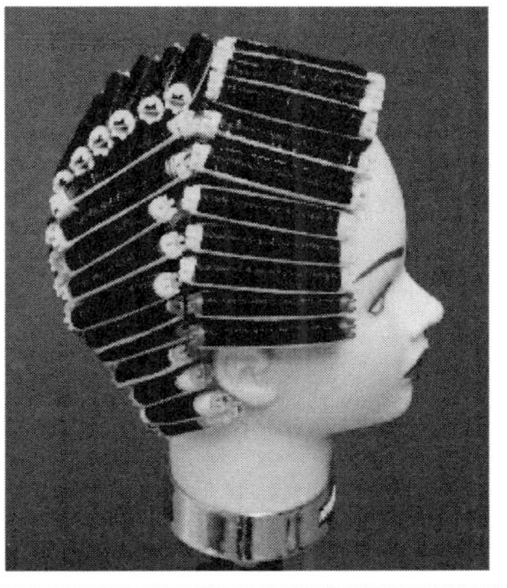

23. 오른쪽 사이드는 왼쪽 사이드와 같은 방법으로 와인딩 한다.

완성된 정면

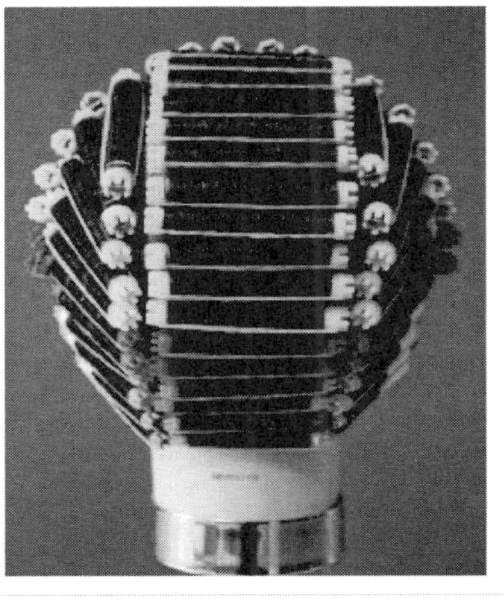

완성된 뒷면

실습일지

오른쪽파트(5등분) 블로킹 실습해 보기

이름:	학번:

실습과정(테크닉 순서)

실습과정(테크닉 순서)

블로킹 완성 사진

정면	옆면

뒷면	윗면

<table>
<tr><th rowspan="2">구 분</th><th rowspan="2">평가내용</th><th colspan="3">평가결과</th></tr>
<tr><th>잘되었다</th><th>보통이다</th><th>안되었다</th></tr>
<tr><td>사전준비</td><td>블로킹 시술 전 준비가 잘 되었는가?</td><td></td><td></td><td></td></tr>
<tr><td>이해정도</td><td>블로킹에 따른 두상 포인트와 특징을 이해하였는가?</td><td></td><td></td><td></td></tr>
<tr><td>수행능력</td><td>블로킹을 정확하게 나누고 모발을 깔끔하게 밴딩처리를 하였는가?</td><td></td><td></td><td></td></tr>
<tr><td>수행결과</td><td>전체적으로 블로킹이 잘 되었는가?</td><td></td><td></td><td></td></tr>
</table>

블로킹 실습 과정 중 어려웠던 부분

실습일지

오른쪽파트(5등분) 와인딩 실습해 보기

이름:	학번:

실습과정(테크닉 순서)

실습과정(테크닉 순서)

와인딩 완성 사진

정면	옆면

뒷면	윗면

구 분	평가내용	평가결과		
		잘되었다	보통이다	안되었다
사전준비	와인딩 시술을 위한 사전준비가 잘 되었는가?			
이해정도	블로킹에 따른 와인딩 순서와 사용된 로드의 크기에 대해 이해하였는가?			
수행능력	와인딩 순서와 베이스의 위치에 따른 각도 설정을 잘 하였는가?			
수행결과	전체적으로 와인딩이 잘 되었는가?			

와인딩 실습 과정 중 어려웠던 부분

5) 센터 파트(5등분) 시술 과정

(1) 블로킹

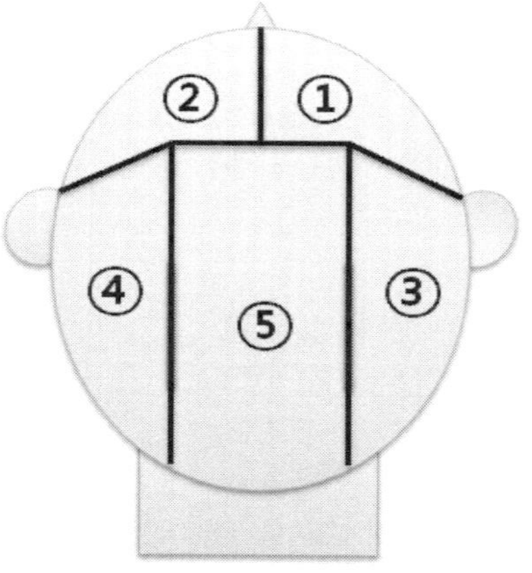	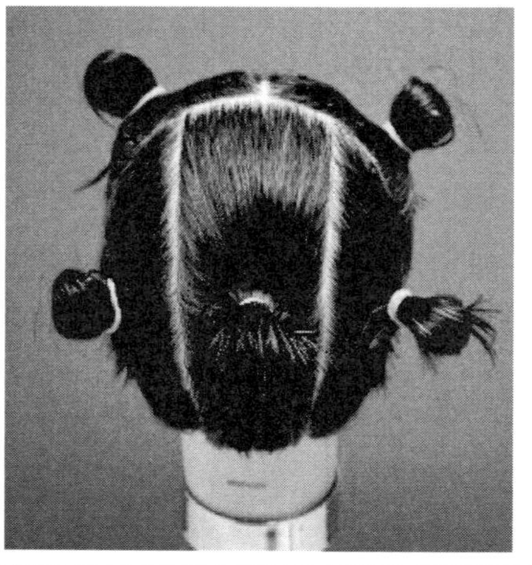
블로킹 순서	완성된 블로킹 모습

(2) 블로킹 시술 방법

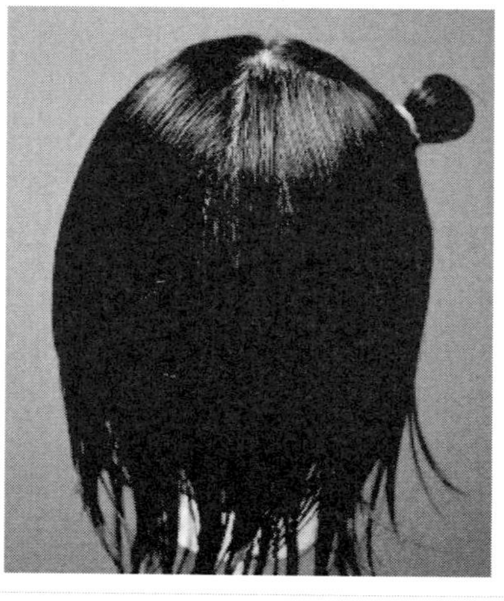	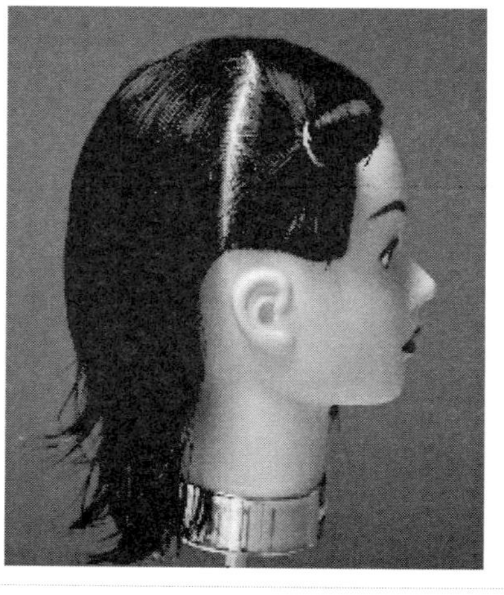
1. C.P지점에서 T.P까지 7~8cm로 파팅 한다.	2. T.P 지점에서 오른쪽으로 3.5cm 까지 파팅 후 사이드와 연결한다. 이때 사이드는 헤어라인에 따라 약간 C자형으로 파팅 한 후 E.B.P 까지 연결하여 고무밴딩 한다.

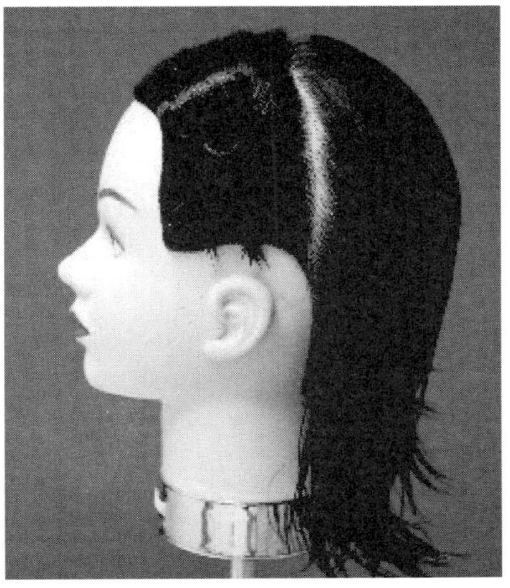

3. 왼쪽도 오른쪽과 같은 방법으로 고무밴딩 한다.

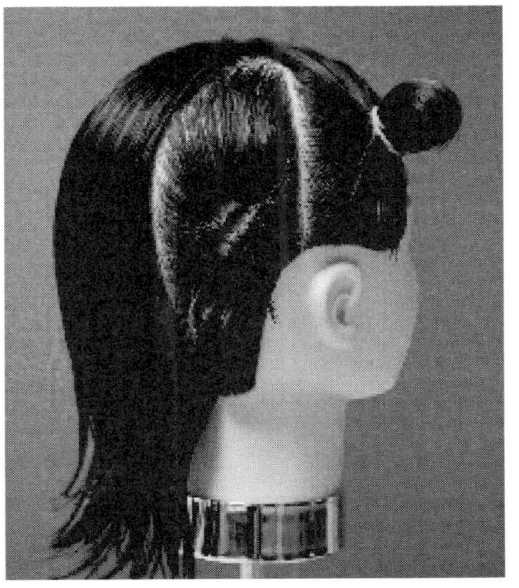

4. 후두부는 T.P 지점에서 좌, 우로 3.5cm 간 지점에서 네이프까지 파팅 한 후 고무밴딩 한다.

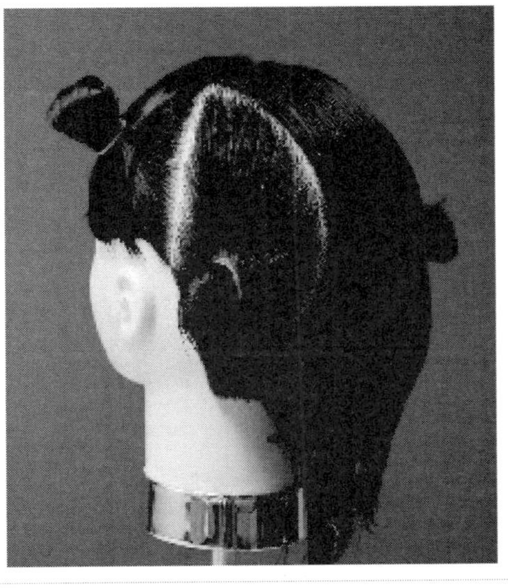

5. 왼쪽 백 사이드는 네이프까지 파팅 한 후 고무밴딩 한다. 이때 양 옆의 네이프 부분은 약 1.5cm 정도까지 파팅 후 고무밴딩 한다.

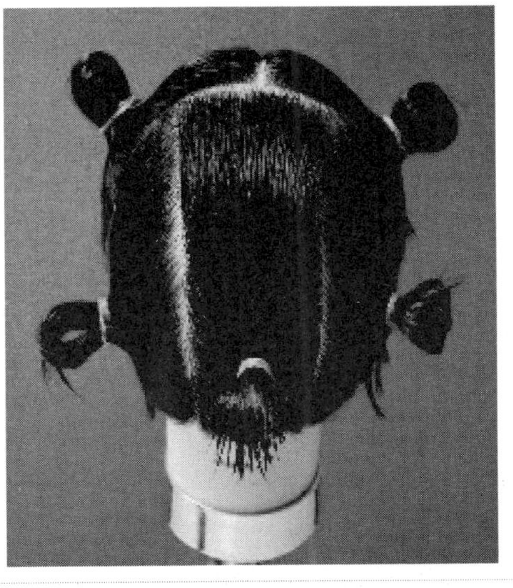

6. 블로킹이 완성된 모습이다.

(3) 와인딩 시술 방법

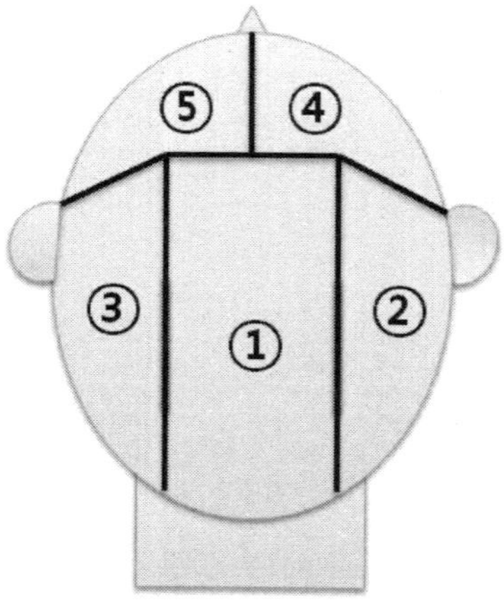

와인딩 시술 순서

1. 후두부 중앙부터 와인딩 한다. 두상의 곡면에 주의하며 90°로 스트랜드를 잡아준다.

2. 로드 6로 8개를 사용하여 와인딩 한다.

3. 각 부분에 맞는 로드 7호 3개, 8호 2호, 9호 2개, 10호 2개를 선정하여 와인딩 한다.

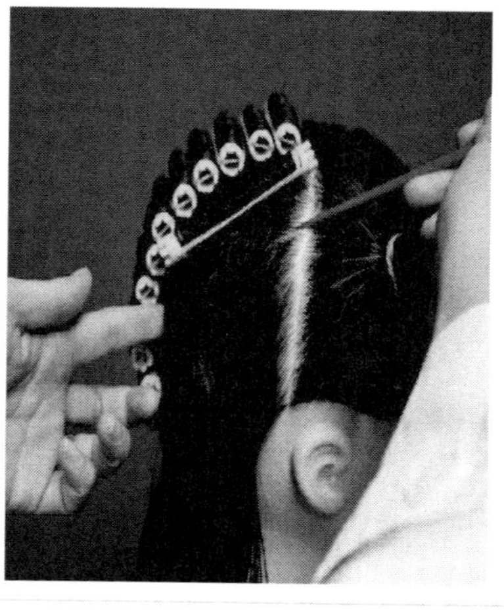

4. 오른쪽 백 사이드는 후두부 중앙의 로드 6호 7번째와 연결될 수 있도록 와인딩하며, 두 번째 슬라이스도 사선으로 한다.

5. 두상의 곡면에 주의하여 90°로 스트랜드를 잡아준다.

6. 후두부 중앙 6호 로드 7번째와 8번째와 연결될 수 있도록 와인딩 한다.

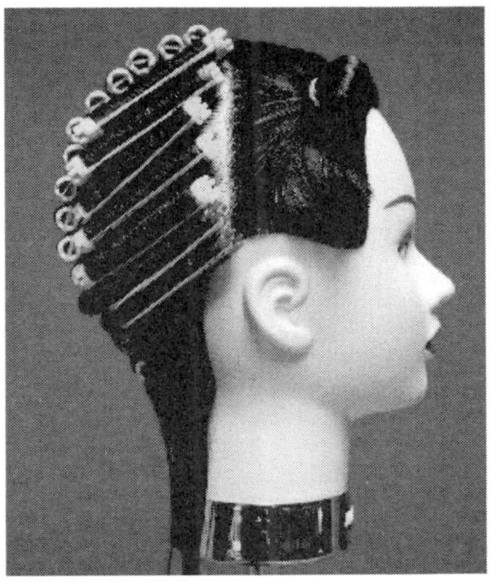

7. 로드 6호 2개, 7호 3개, 8호 2개는 오른쪽 사이드와 연결될 수 있도록 E.B.P지점을 넘어가지 않도록 주의한다.

8. 로드 9호 2개, 10호 2개를 사용하여 와인딩 한다.

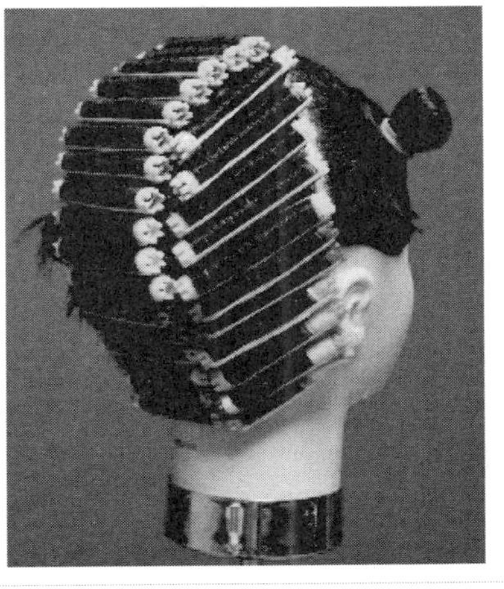

9. 후두부 백 사이드는 사선으로 슬라이스 한 후 로드 배열에 주의하여 와인딩 한다.

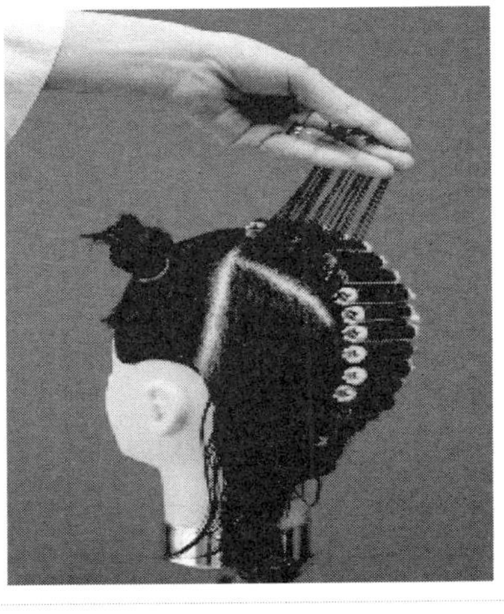

10. 두상의 곡면에 주의하여 90°로 스트랜드를 잡아 준다.

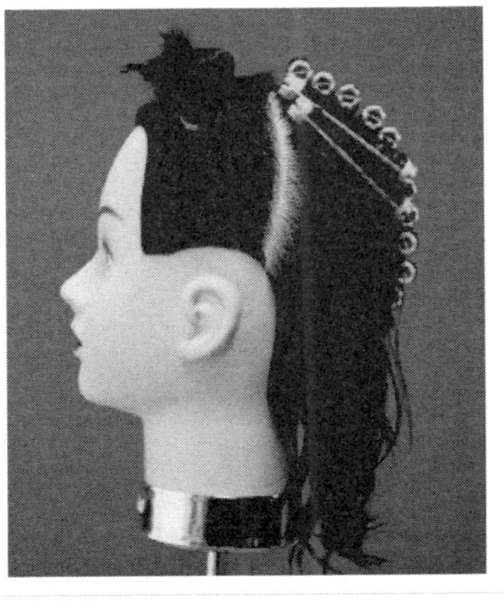

11. 후두부 중앙 6호 로드 7번째와 8번째와 연결될 수 있도록 와인딩 한다.

12. 오른쪽 백 사이드와 같은 방법으로 와인딩 한다.

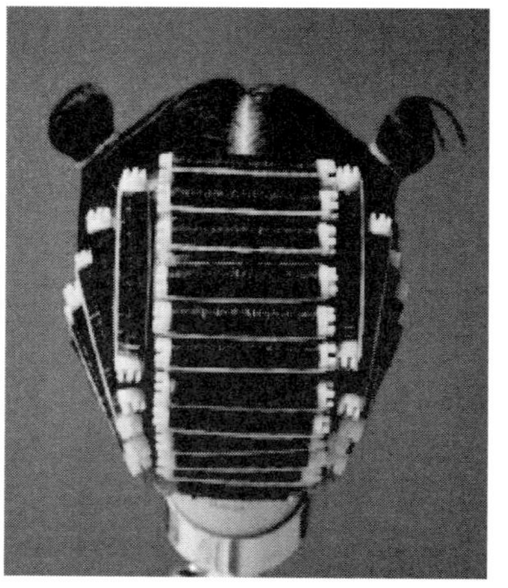

13. 후두부 와인딩이 완성된 모습이다.

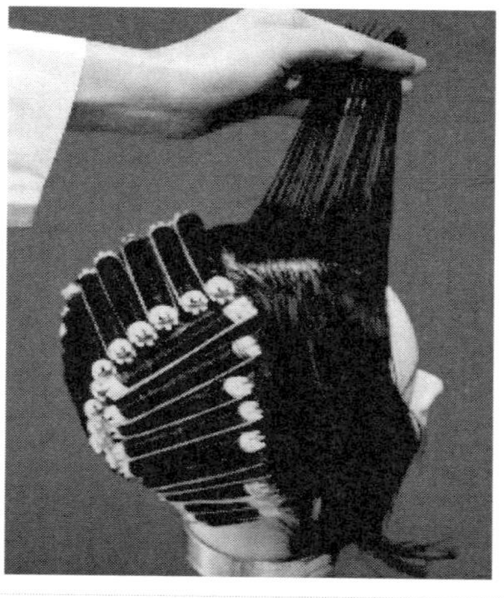

14. 오른쪽은 로드 6호 1직경만큼 슬라이스 한 후 각도에 주의하여 스트랜드를 잡아준다.

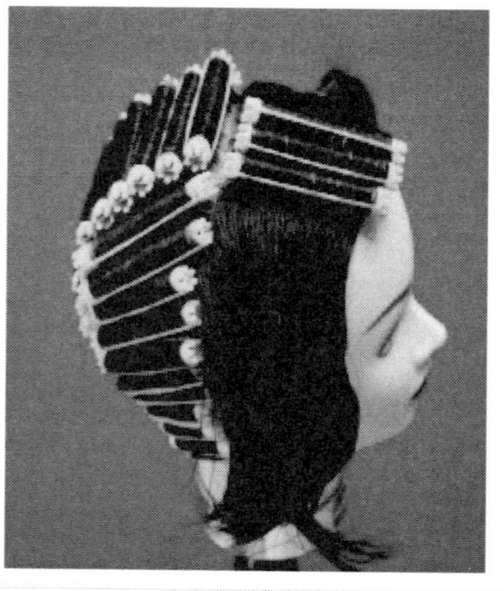

15. 로드 6호를 사용하여 와인딩 한다.

16. T.P지점에서 오른쪽으로 3.5cm 까지는 로드 6호 3개를 사용하여 와인딩 한다. 이때 3.5cm지점을 넘어가지 않도록 주의한다.

17. 로드 6호를 사용하여 백 사이드 부분과 로드가 연결될 수 있도록 주의하여 와인딩 한다.

18. 오른쪽 사이드 와인딩이 완성된 모습이다.

19. 왼쪽 사이드부분을 와인딩 한다.

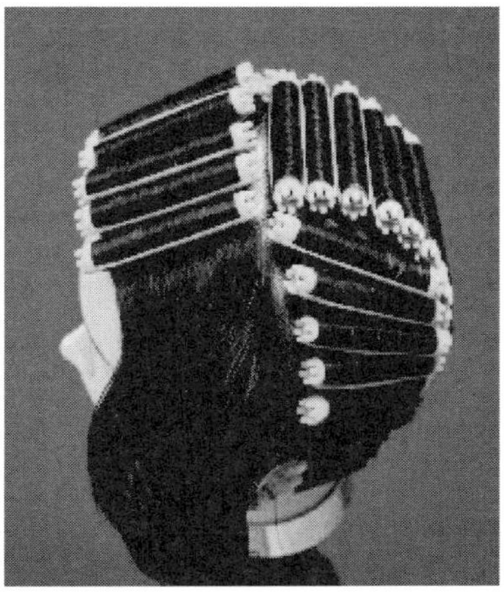

20. T.P지점에서 오른쪽으로 3.5cm지점까지는 로드 6호 3개를 사용하여 와인딩 한다.

21. 3.5cm지점을 넘어가지 않도록 주의한다.

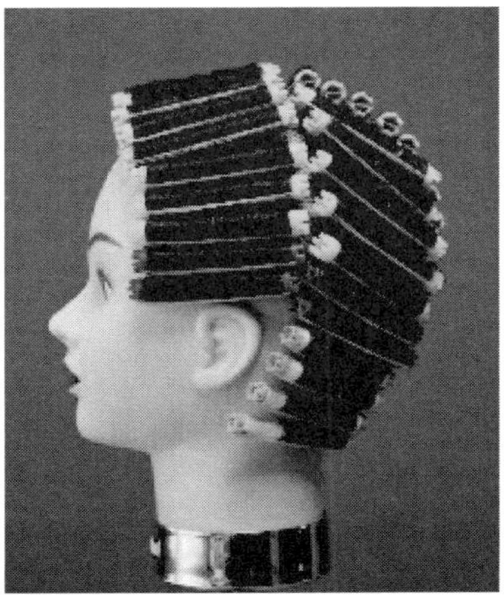

22. 오른쪽과 같은 방법으로 와인딩 한다.

완성된 정면

완성된 후면	완성된 측면

실습일지

센터파트(5등분) 블로킹 실습해 보기

이름:	학번:

실습과정(테크닉 순서)

실습과정(테크닉 순서)

블로킹 완성 사진

정면	옆면

뒷면	윗면

구 분	평가내용	평가결과		
		잘되었다	보통이다	안되었다
사전준비	블로킹 시술 전 준비가 잘 되었는가?			
이해정도	블로킹에 따른 두상 포인트와 특징을 이해하였는가?			
수행능력	블로킹을 정확하게 나누고 모발을 깔끔하게 밴딩처리를 하였는가?			
수행결과	전체적으로 블로킹이 잘 되었는가?			

블로킹 실습 과정 중 어려웠던 부분

실습일지

센터파트(5등분) 와인딩 실습해 보기

이름:	학번:

실습과정(테크닉 순서)

실습과정(테크닉 순서)

와인딩 완성 사진

정면	옆면

뒷면	윗면

구 분	평가내용	평가결과		
		잘되었다	보통이다	안되었다
사전준비	와인딩 시술을 위한 사전준비가 잘 되었는가?			
이해정도	블로킹에 따른 와인딩 순서와 사용된 로드의 크기에 대해 이해하였는가?			
수행능력	와인딩 순서와 베이스의 위치에 따른 각도 설정을 잘 하였는가?			
수행결과	전체적으로 와인딩이 잘 되었는가?			

와인딩 실습 과정 중 어려웠던 부분

6) 벽돌쌓기 와인딩 시술과정

벽돌패턴은 로드 자국이 남지 않고 최대한의 볼륨을 주기 위해 시술한다. 따라서 모발 숱이 적고 짧은 모발에 시술하면 좋으며, 사용하는 로드는 지름만큼 슬라이스를 떠서 와인딩 한다.

(1) 와인딩 시술 방법

와인딩 시술방향과 패턴
(1-2-1-2-1-2 패턴)

완성된 정면

1. C.P 지점 즉, 중앙에서부터 와인딩을 시작하며, 사용하는 로드의 지름만큼(1직경) 슬라이스를 떠서 온 베이스로 와인딩 한다.

2. 다음 로드는 첫 번째 로드를 중심으로 반 나눈 지점에서 와인딩 한다.

3. 온 베이스를 유지하며 센터에서 네이프 방향으로 와인딩 한다.

4. 벽돌 패턴은 중앙에서 와인딩을 시작하여 옆으로 이동하여 와인딩 한다.

5. 로드 사이의 간격을 유지하면서 네이프 방향으로 계속 와인딩 한다.

6. G.P까지는 로드 6호로 와인딩 한다.

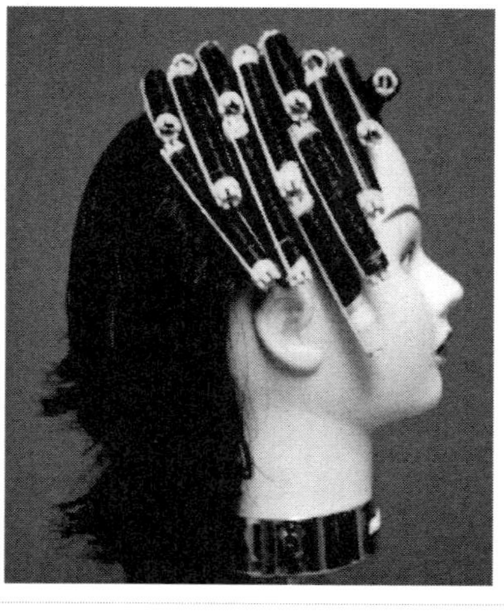

7. 로드 6호로 와인딩 한다.

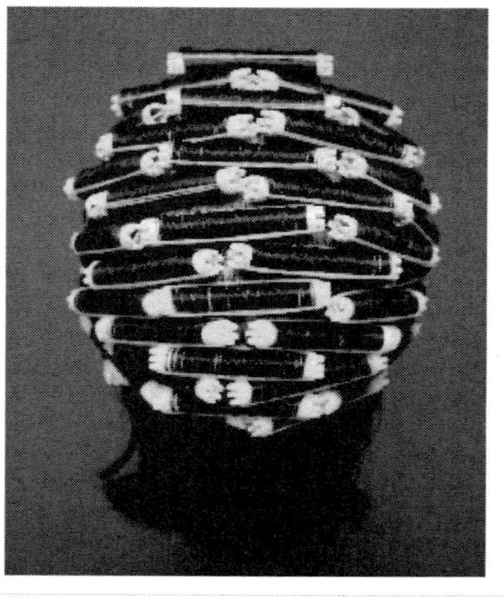

8. 로드 7호를 사용하여 와인딩하고, 네이프는 8호 로드를 사용하여 와인딩 한다.

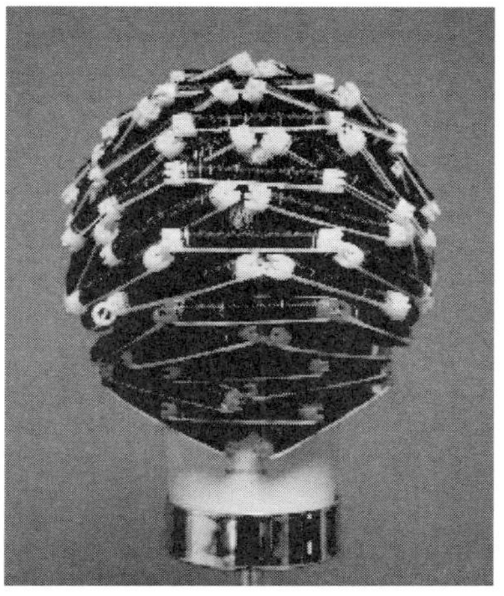

완성된 뒷면

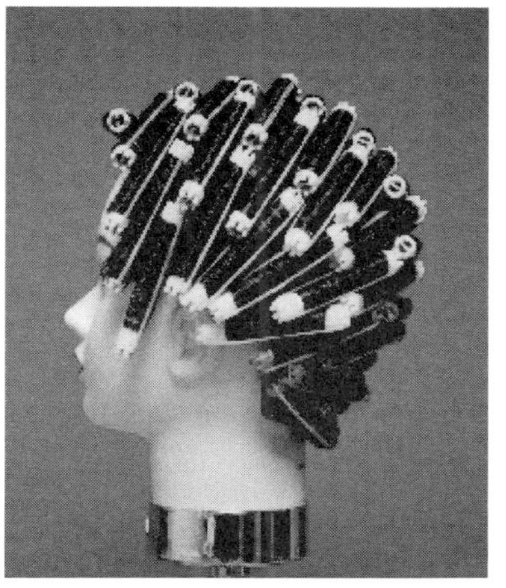

완성된 옆면

실습일지

벽돌 쌓기 와인딩 실습해 보기

이름:	학번:

실습과정(테크닉 순서)

실습과정(테크닉 순서)

와인딩 완성 사진

정면	옆면

뒷면	윗면

<table>
<tr><th rowspan="2">구 분</th><th rowspan="2">평가내용</th><th colspan="3">평가결과</th></tr>
<tr><th>잘되었다</th><th>보통이다</th><th>안되었다</th></tr>
<tr><td>사전준비</td><td>와인딩 시술을 위한 사전준비가 잘 되었는가?</td><td></td><td></td><td></td></tr>
<tr><td>이해정도</td><td>와인딩 순서와 사용된 로드의 크기에 대해 이해하였는가?</td><td></td><td></td><td></td></tr>
<tr><td>수행능력</td><td>와인딩 순서와 베이스의 위치에 따른 각도 설정을 잘 하였는가?</td><td></td><td></td><td></td></tr>
<tr><td>수행결과</td><td>전체적으로 와인딩이 잘 되었는가?</td><td></td><td></td><td></td></tr>
</table>

와인딩 실습 과정 중 어려웠던 부분

7) 혼합형 와인딩 시술과정

(1) 블로킹

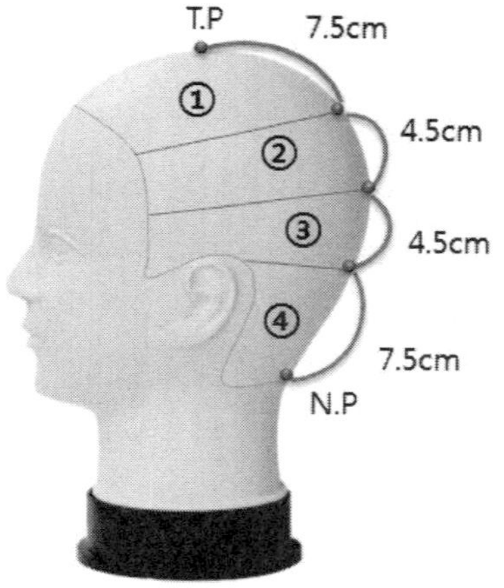

와인딩 순서

완성 블로킹

(2) 블로킹 시술 방법

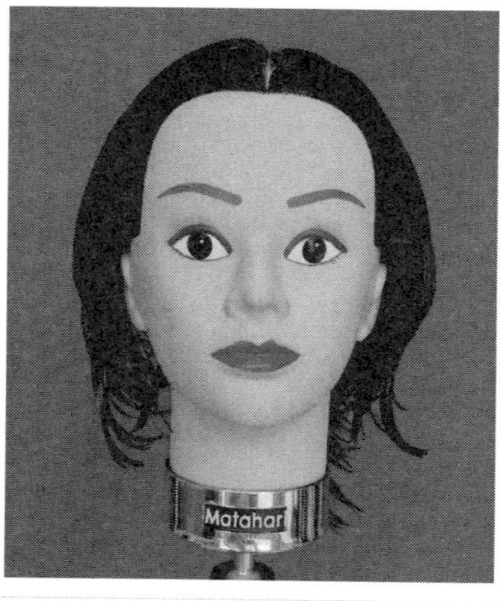

1. C.P에서 T.P까지 나눈다.

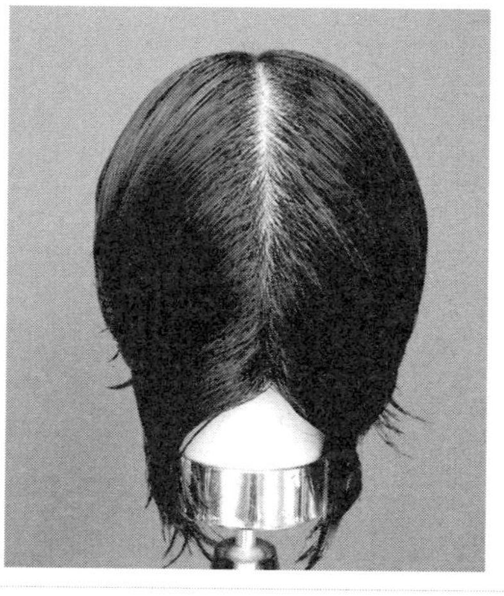

2. T.P에서 G.P를 지나 N.P까지 정중선으로 나눈다.

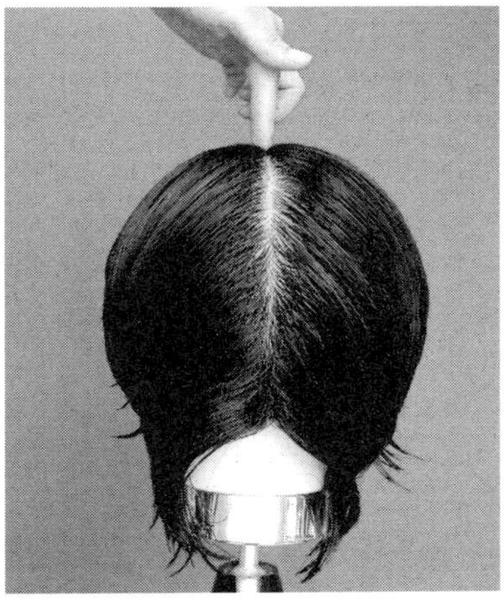

3. T.P지점을 확인한다.

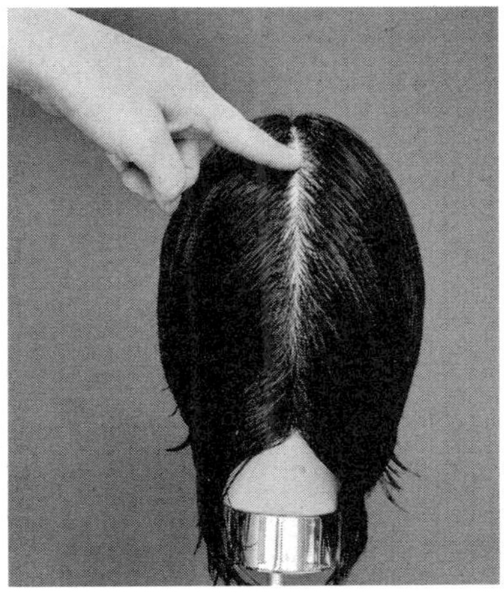

4. T.P에서 네이프 방향으로 7.5cm 지점을 확인한다.

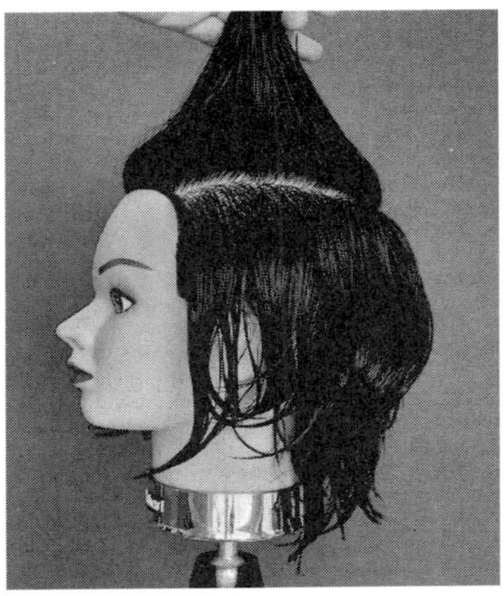

5. 7.5cm지점과 F.S.P까지 연결해준다.

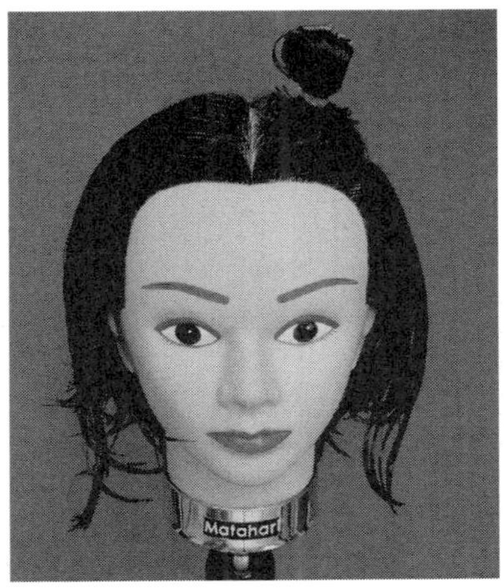

6. 연결한 부분을 고무밴드로 묶어준다.

7. 왼쪽(5번)과 같은 방법으로 오른쪽도 묶어준다.

8. 왼쪽과 오른쪽을 고무밴드로 묶은 모습이다.

9. 네이프 방향으로 4.5cm 지점을 확인한다.

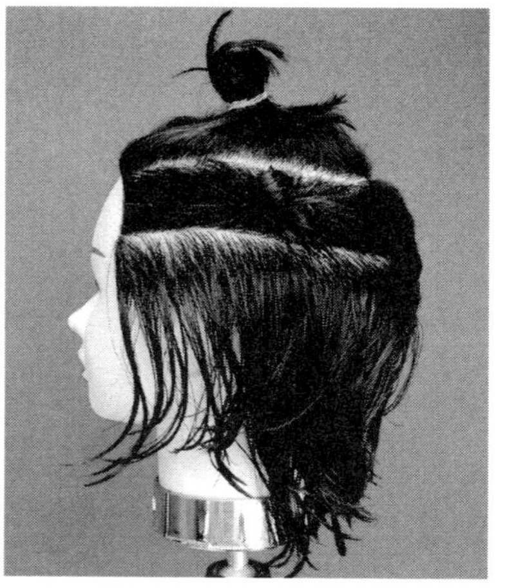

10. 4.5cm 지점과 S.P와 연결하여 고무밴드로 묶어 준다.

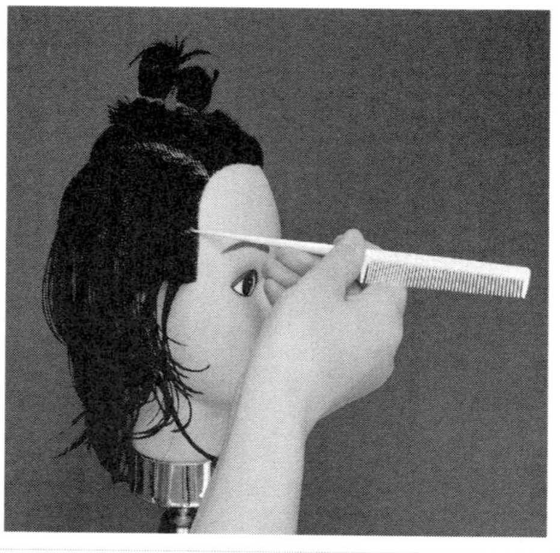

11. 왼쪽과 같은 방법으로 나눈다.

12. 같은 방법으로 나눈 후 고무밴드로 묶어준다.

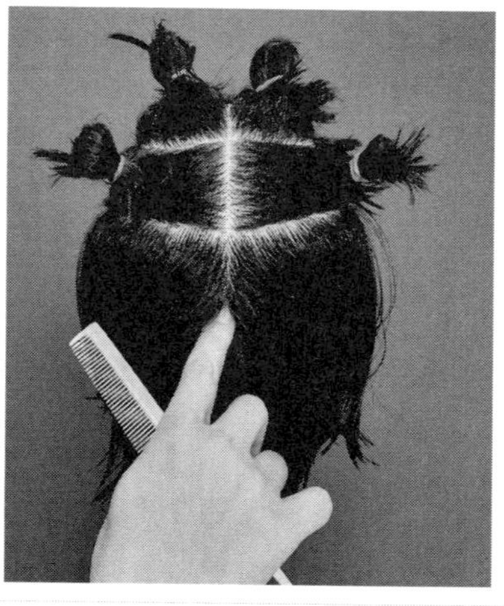

13. 네이프 방향 4.5cm 지점과 E.B.P까지 연결하여 나눈 후 남은 모발은 하나로 묶어준다.

14. 혼합형 블로킹이 완성된 모습이다.

(3) 와인딩 시술 방법

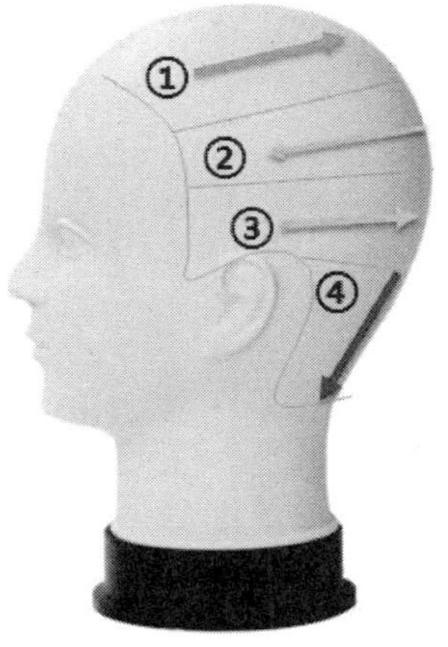

와인딩 시술 순서와 방향

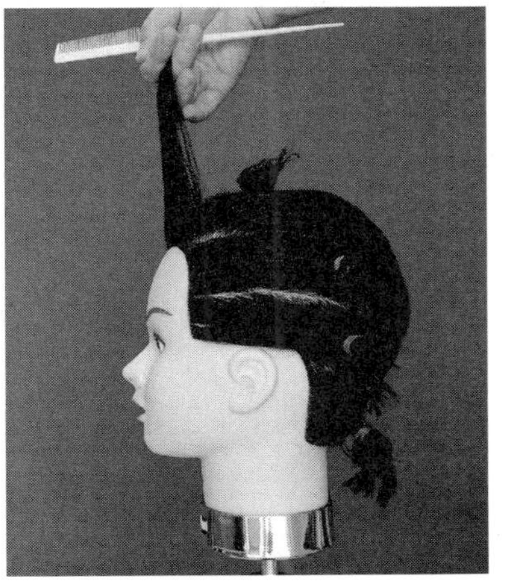

1. 왼쪽에서부터 와인딩을 시작한다. 이때 첫 번째 슬라이스는 삼각형 모양이 나올 수 있게 대각선(45˚)으로 나눈다.

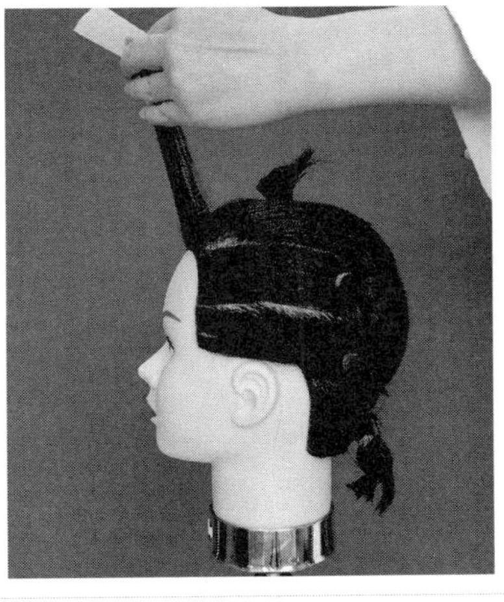

2. 각도를 유지하며 세워말기 기법으로 와인딩 한다.

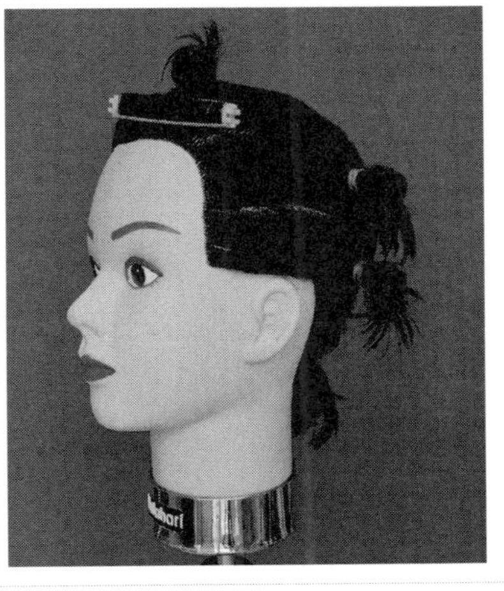

3. 로드 6호로 와인딩 한다.

4. 대각선으로 와인딩된 모습니다.

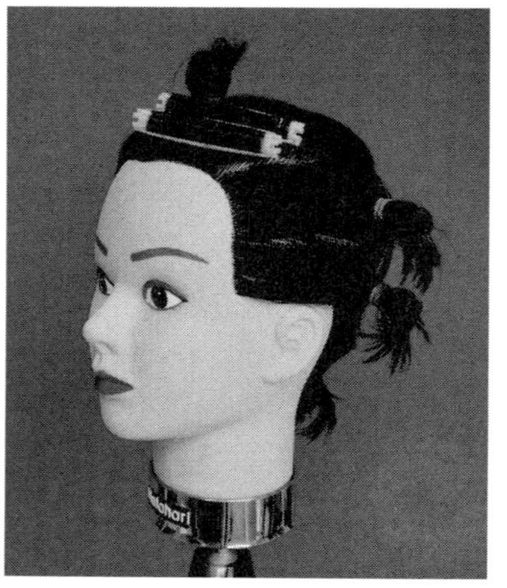

5. 두 번째는 6호 로드 1직경만큼 슬라이스를 떠서 와인딩 한다.

6. 6호 로드 1직경만큼 슬라이스로 나눠 와인딩 한다.

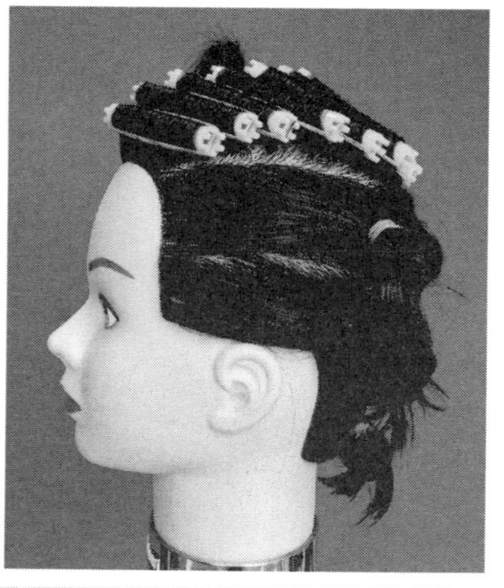

7. 전두부에서 두정부를 향해 계속 와인딩 한다.

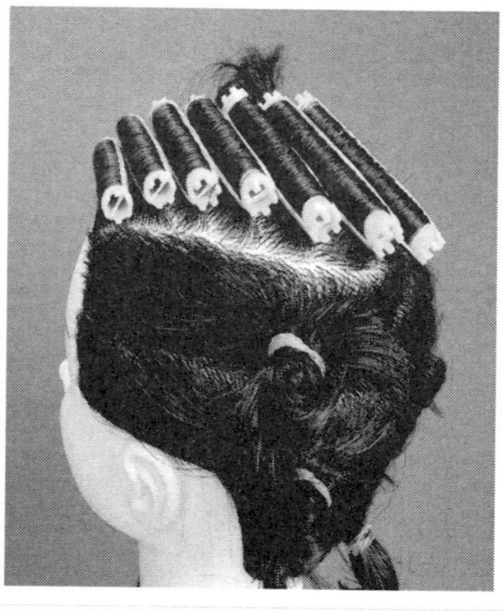

8. 5번째 로드 1직경과 1.5직경으로 사디리꼴 모양으로 나눈 후 와인딩 한다.

9. 남은 모발은 반으로 나눠 와인딩 한다. 왼쪽 블로킹은 6호 로드 7개로 마무리 한다.

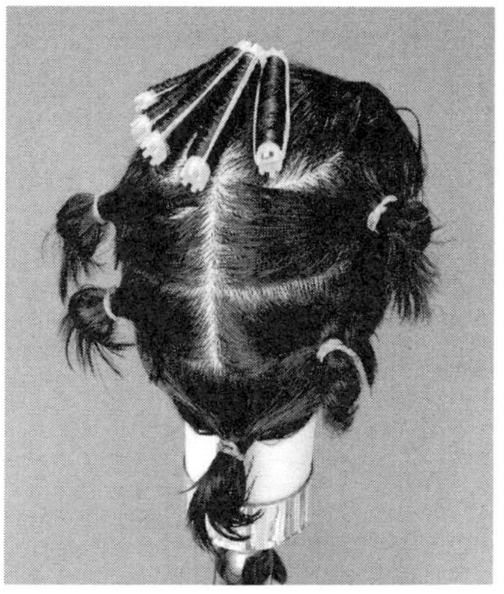

10. 오른쪽 블로킹은 왼쪽 6번째 로드에 맞춰 슬라이스를 나눈 후 와인딩 한다.

11. 왼쪽 로드가 기준이 된다. 각 로드에 맞춰 계속 와인딩 한다.

12. 두정부에서 전두부 방향으로 계속 와인딩 한다.

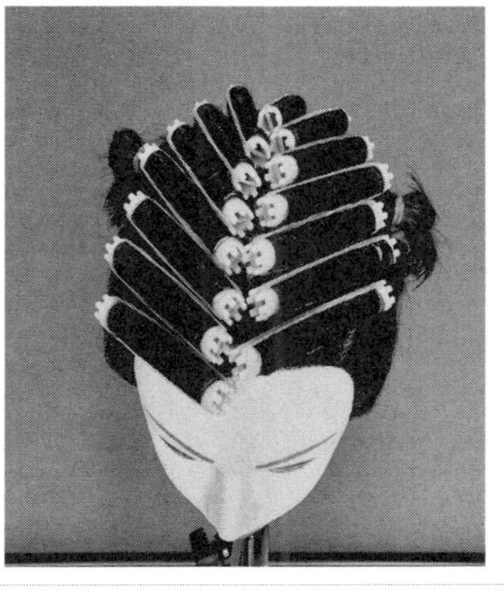

13. 왼쪽 6호 로드 7개, 오른쪽 6호 로드 7개를 사용하여 왼쪽에서 오른쪽 방향으로 와인딩 한다.

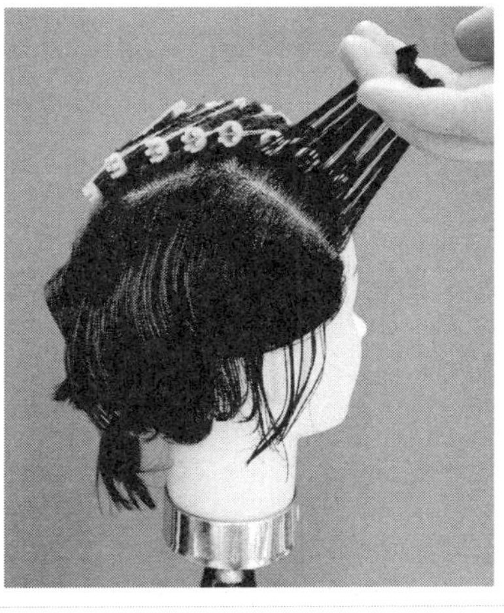

14. 오른쪽에서 왼쪽 방향으로 와인딩 한다. 이때 와인딩 된 6호 로드를 기준으로 시작점을 확인한다.

15. 6호 로드 4번째 지점까지 슬라이스를 나눈 후 7호 로드를 사용하여 와인딩 한다.

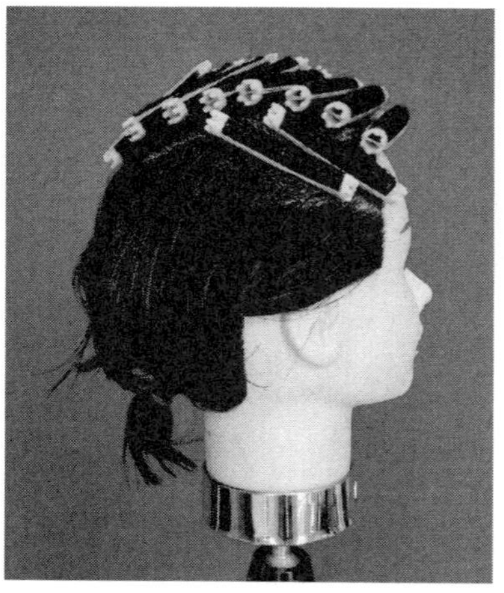

16. 7호 로드의 1직경만큼 슬라이스를 나눈 후 와인딩 한다.

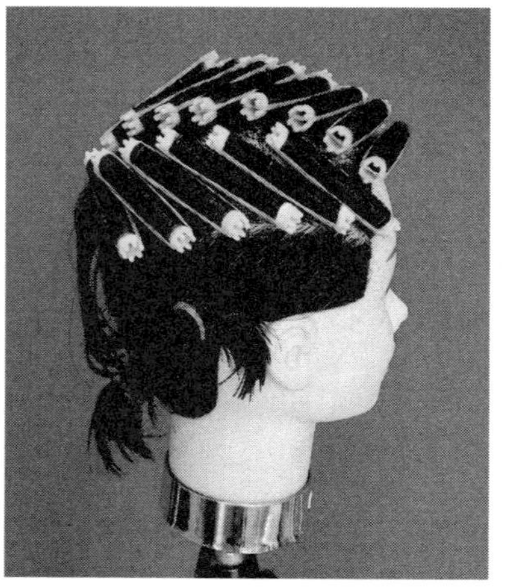

17. 같은 방법으로 왼쪽 방향으로 와인딩 한다.

18. 왼쪽 블로킹을 풀어 이어서 와인딩 한다.

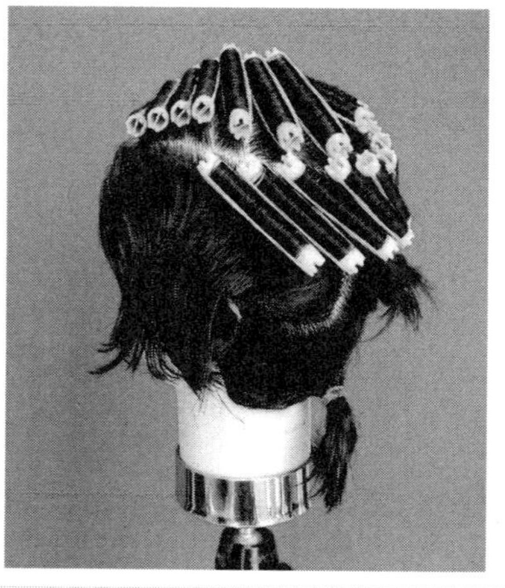

19. 두상이 가장 크게 돌아가는 지점에서는 사다리꼴 모양으로 나눈 후 와인딩 한다.

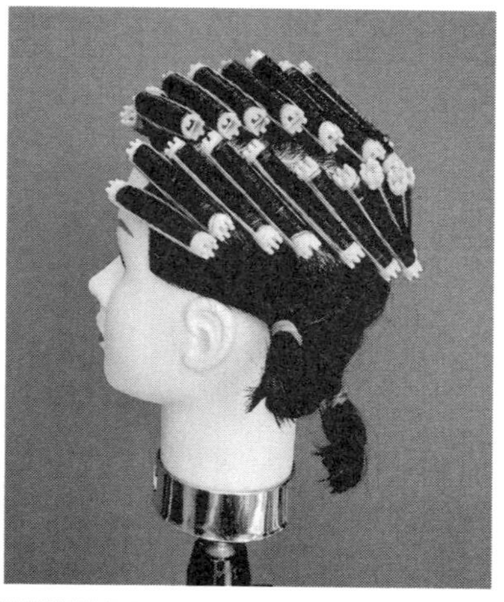

20. 대각선(45°)을 유지하면서 와인딩 한다.

21. 7호 로드 15개가 될 수 있도록 와인딩 한다.

21. 7호 로드 2번째 지점만큼 슬라이스를 나눈 후 와인딩 한다.

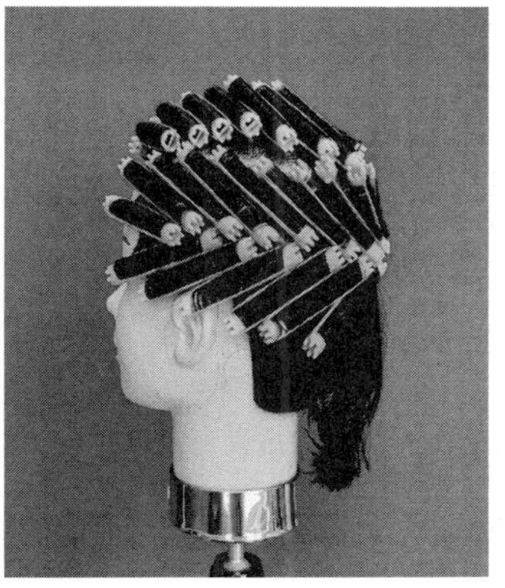

22. 완성된 2번째 블로킹 로드에 맞춰 대각선을 유지하면서 와인딩 한다.

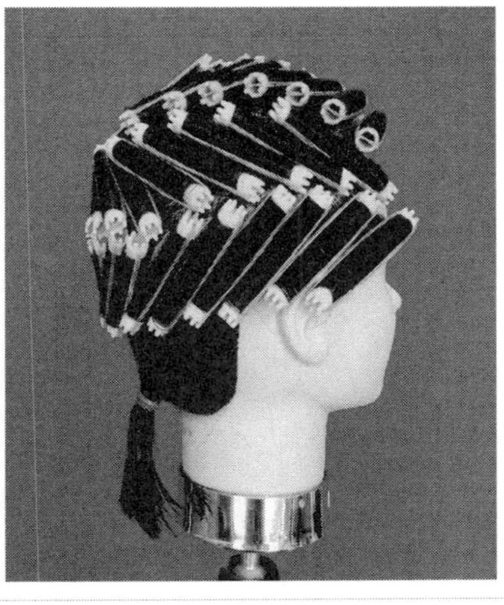

23. 왼쪽에서 오른쪽 방향으로 와인딩 한다.

24. 2번째 블로킹 7호 로드 15개, 3번째 블로킹 7호 로드 15개를 사용하여 완성한다.

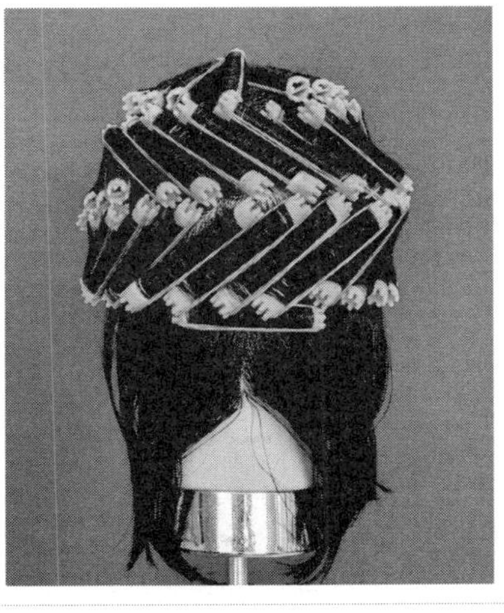

25. 4번째 블로킹은 벽돌 패턴으로 와인딩 한다. B.P 지점에서 와인딩을 시작한다.

26. 중앙에서 와인딩을 한 후 오른쪽, 왼쪽방향으로 와인딩 한다.

27. 위에 와인딩 되 로드를 반 나눈 지점에서 와인딩 한다.

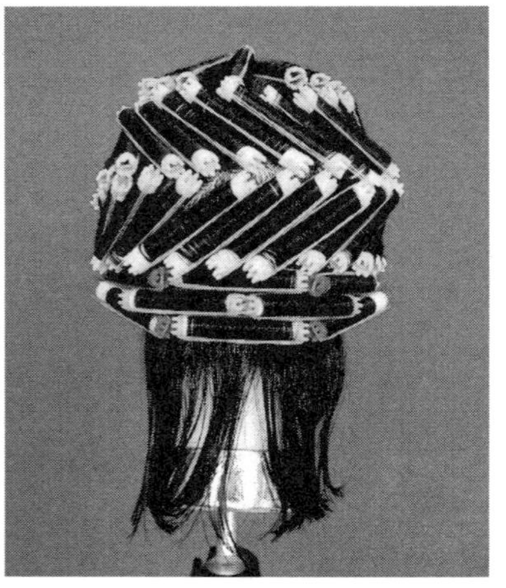

28. 중앙에서 와인딩을 한 후 오른쪽, 왼쪽도 와인딩 한다.

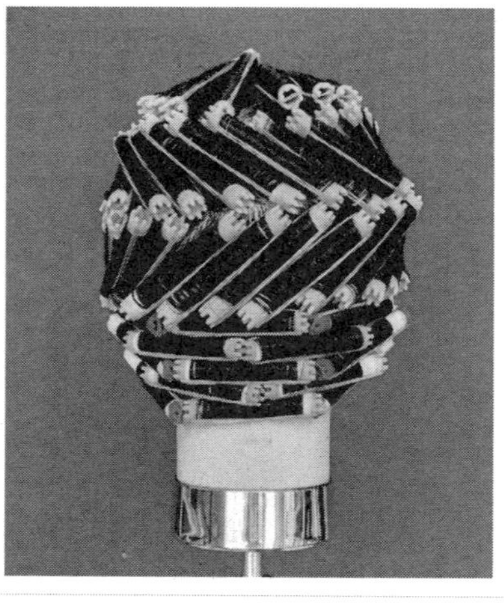

29. 9호와 8호 로드를 혼합하여 와인딩 하였다. 9호는 벽돌 패턴의 부분이다. 1-2-1-2 패턴으로 와인딩 한다.

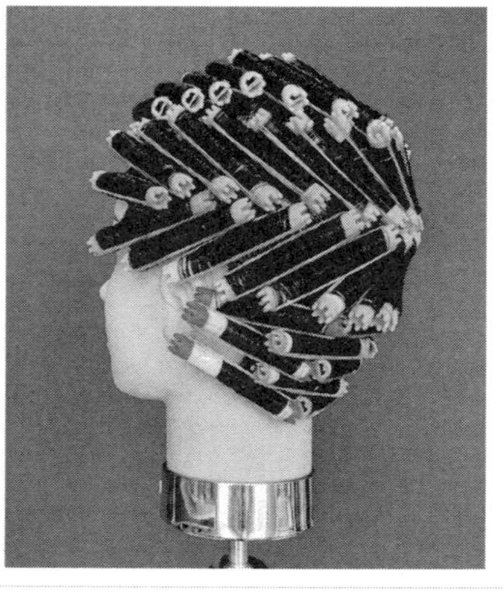

30. 8호 로드를 사용하여 5단 벽돌 쌓기로 완성한다. 8로 로드 13개가 사용된다.

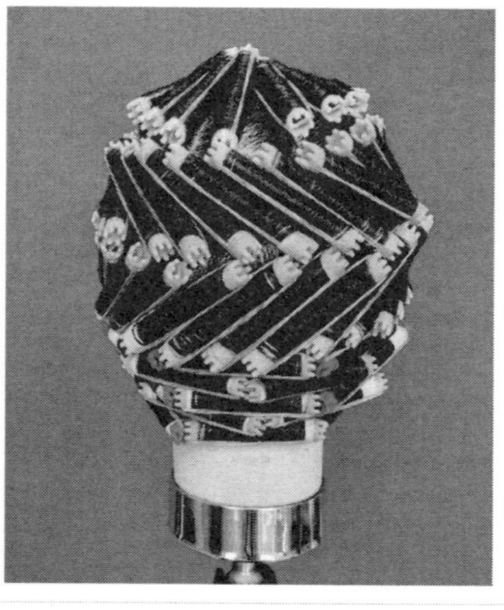

완성된 뒷면

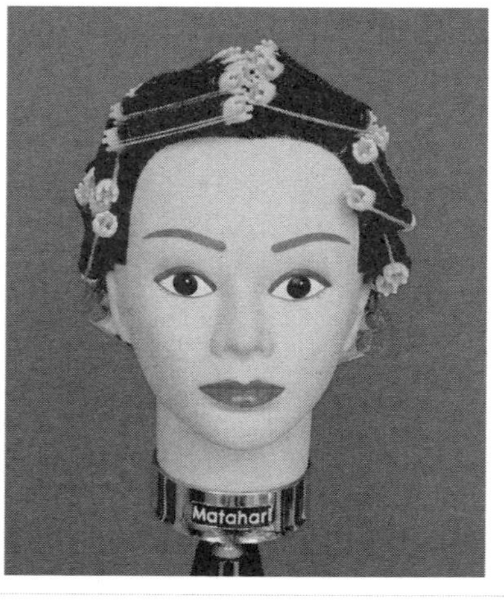

완성된 정면

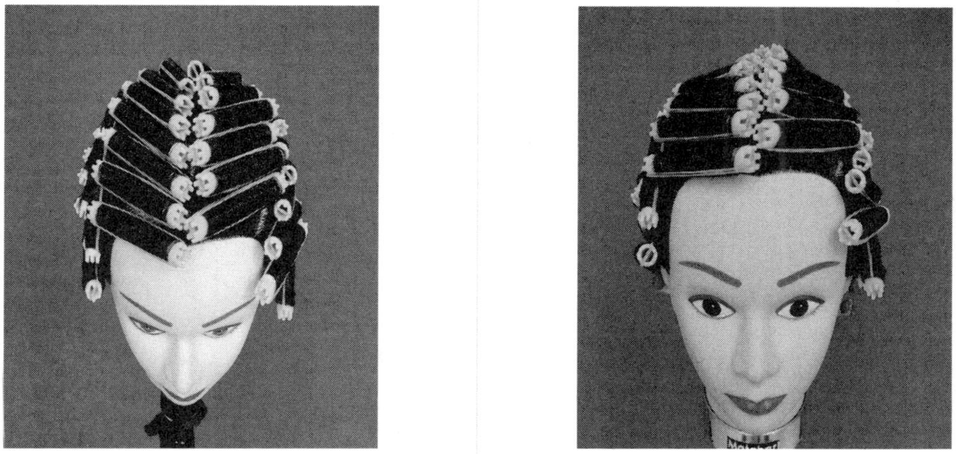

완성된 윗면

완성된 왼쪽 옆면

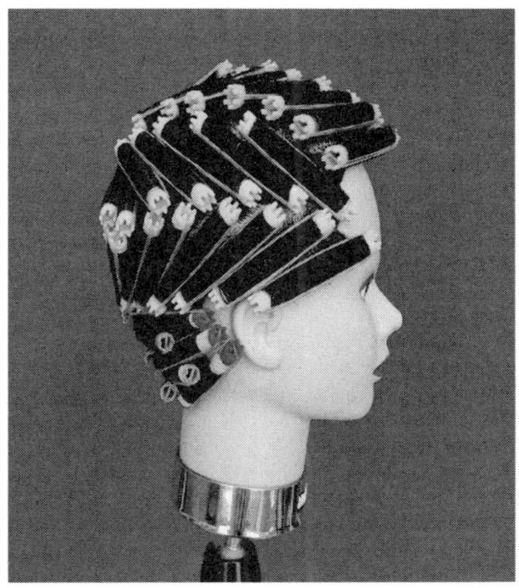

완성된 오른쪽 옆면

실습일지

혼합병 블로킹 실습해 보기

이름:	학번:

실습과정(테크닉 순서)

실습과정(테크닉 순서)

블로킹 완성 사진

정면	옆면

뒷면	윗면

구 분	평가내용	평가결과		
		잘되었다	보통이다	안되었다
사전준비	블로킹 시술 전 준비가 잘 되었는가?			
이해정도	블로킹에 따른 두상 포인트와 특징을 이해하였는가?			
수행능력	블로킹을 정확하게 나누고 모발을 깔끔하게 밴딩처리를 하였는가?			
수행결과	전체적으로 블로킹이 잘 되었는가?			

블로킹 실습 과정 중 어려웠던 부분

실습일지

혼합병 와인딩 실습해 보기

이름:	학번:

실습과정(테크닉 순서)

실습과정(테크닉 순서)

와인딩 완성 사진

정면	옆면

뒷면	윗면

구 분	평가내용	평가결과		
		잘되었다	보통이다	안되었다
사전준비	와인딩 시술을 위한 사전준비가 잘 되었는가?			
이해정도	블로킹에 따른 와인딩 순서와 사용된 로드의 크기에 대해 이해하였는가?			
수행능력	와인딩 순서와 베이스의 위치에 따른 각도 설정을 잘 하였는가?			
수행결과	전체적으로 와인딩이 잘 되었는가?			

와인딩 실습 과정 중 어려웠던 부분

용어정리

네이프(nape)
후두부에서 목 부분까지를 뜻한다.

로드(rod)
퍼머넌트 웨이브 시술 시 사용되는 도구이다.

로드제거(rod off)
로드를 모발과 분리시키는 것을 말한다.

모간(hair shaft)
두피 밖으로 나와 있는 부분을 뜻하며, 모표피, 모피질, 모수질로 구성되어 있다.

모구(hair bulb)
모발의 하단을 말한다.

모근(hair root)
모발의 뿌리부분으로 모낭 안에 포함된 모발을 뜻한다.

모낭(follicle)
피부의 진피 안에서 모근을 감싸고 있는 주머니를 뜻한다.

블로킹(blocking)
미용 시술을 하기 쉽게 두부를 구분하는 것이다.

산화제(oxidant)
퍼머넌트 시술 시 사용되는 제 2제를 말하며, S-S결합이 끊어져 있는 상태를 원래상태로 되돌려주는 역할을 한다.

섹션(section)

부분, 구면 등의 의미로 블로킹으로 구분한 부분 또는 더 작게 나눈 부분을 말한다.

센터(center)

중앙을 뜻한다.

스파이럴식 와인딩(spiral winding method)

모근 부분에서 나선형으로 모발을 말아 내려오는 방법으로 르네상스 퍼머넌트 로드 등 다양한 형태와 이름을 가진 로드를 이용하여 와인딩하는 방법으로 긴 머리에 많이 활용되며 웨이브의 선이 선명하게 형성된다.

슬라이스(slice)

모발을 베이스로 나눠 작게 잡는 것을 말한다.

중간린스(intermediate rinse)

퍼머넌트 시술 시 환원제를 제거하여 산화제의 작용이 원활하게하기 위해 물로 헹구어 내는 것을 말한다.

크라운(crown)

두부의 한 섹션으로 두부로부터 후두부에 걸칠 부분을 말한다.

크로키놀식 와인딩(croquignole winding method)

모발 끝에서부터 모근쪽으로 와인딩하는 방법으로 긴 머리, 짧은 머리 다양하게 활용된다.

테스트 컬(test curl)

퍼머넌트 시술 시 와인딩을 한 후 적당한 프로세싱타임이 지난 뒤, 로드를 2~3군데 풀어서 환원작용이 이루어지고 있는가를 체크하는 것이다.

텐션(tension)

와인딩 할 때 잡아당기는 힘으로 텐션이 적당히 있어야 컬 형성이 잘되며 손상된 모발에서 과다한 텐션은 모발이 늘어나므로 주의한다.

파팅(parting)

퍼머넌트나 커트 시술 시 모발을 나누어 분배하고 조절하기 위해 블록(block)에서 적은 섹션으로 나누어주는 선을 말한다.

환원제(resolution)

퍼머넌트 시술 시 사용되는 제 1제를 뜻하며, 시스틴의 S-S결합을 끊는 역할을 한다.

참고문헌

고경숙 외. 두피·모발관리학, 청구문화사, 2014.
고경숙 외. 헤어 퍼머넌트 디자인, 훈민사, 2010.
곽형심 외, 미용문화사, 청구문화사, 2003.
김성남 외. 미용학개론, 고문사, 2015.
오지영 외, 최신 미용학개론, 훈민사, 2007.
임순녀 외, 두피모발관리학, 광문각, 2011.
임은진 외. 두피·모발관리학, 메디시언, 2013.
전선정 외, 미용미학과 미용문화사, 청구문화사, 2011.
정년구 외. Design of permanent wave, 도서출판 성화, 2002.
정현진 외. 미용문화사, 광문각, 2004.
조지훈. 퍼머넌트 웨이브의 실제와 활용, 훈민사, 2012.
최근희 외. 펌 웨이브 디자인, 도서출판예림, 2005.
한국두피모발관리사협회, 두피모발관리학, 군자출판사, 2011.
한국모발학회. 두개피 육모 관리학, 이화, 2006.
한국미용학회. 미용학사전, 신광출판사, 2003.
김숙자. 서양의 헤어스타일 변천사 분석 및 작품재현, 서경대학교 석사학위논문, 2009.
장지연. 퍼머넌트 웨이브 모발에 황칠나무 잎 추출물 트리먼트 후 자외선 조사에 따른 모발 보호효과, 원광대학교 박사학위논문, 2014.
David L. Nelson, Michael M. Cox. Lehninger PRINCIPLES OF BIOCHEMISTRY fourth edition. Freeman, 127, 2004.
John Halal. Hair Structure and Chemistry Simplified, Milady, 2009.
http://blog.naver.com/changa01?Redirect=Log&logNo=220168628882

찾아보기

Basic Hair Permanent Wave

2015년 12월 30일 초판발행
2020년 5월 4일 개정판발행

지은이 / 지정훈, 장지연
펴낸이 / 이상태
펴낸곳 / 청구문화사
주 소 / (03706) 서울특별시 서대문구 성산로11길 15
전 화 / 02) 332-0541(代) **전 송** / 02) 337-9577
등 록 / 1990년 11월 2일 제9-247호

정가 18,000원

ISBN 978-89-5616-839-5 93590